高超声速飞行器预测控制方法

王　鹏　汤国建　程仙垒　著

U0232338

科学出版社

北　京

内 容 简 介

本书主要内容包括高超声速飞行器及其控制方法概述，高超声速飞行器的运动模型和动力学特性分析，预测控制方法的基本原理、设计过程和参数影响分析，高超声速飞行器分层预测控制方法的设计步骤与仿真分析。本书内容系统规范，注重理论方法的实用化。

本书可供从事飞行器制导与控制、预测控制应用研究的科研人员和工程技术人员阅读，也可作为控制理论与控制工程、飞行器动力学与控制等专业研究生及高年级本科生的参考用书。

图书在版编目（CIP）数据

高超声速飞行器预测控制方法 / 王鹏，汤国建，程仙垒著. —北京：科学出版社，2019.5

ISBN 978-7-03-061098-0

Ⅰ. ①高… Ⅱ. ①王… ②汤… ③程… Ⅲ. ①高超音速飞行器-预测控制-研究 Ⅳ. ①V47

中国版本图书馆 CIP 数据核字（2019）第 079234 号

责任编辑：张海娜 乔丽维 / 责任校对：何艳萍
责任印制：赵 博 / 封面设计：蓝正设计

科学出版社 出版
北京东黄城根北街 16 号
邮政编码：100717
http://www.sciencep.com

北京科印技术咨询服务有限公司数码印刷分部印刷
科学出版社发行 各地新华书店经销

*

2019 年 5 月第 一 版 开本：720×1000 1/16
2025 年 1 月第三次印刷 印张：10 1/2
字数：210 000
定价：98.00 元
（如有印装质量问题，我社负责调换）

前　言

随着人类对未知空间探索的不断深入，在航空技术与航天技术研究取得突飞猛进之后，临近空间与临近空间飞行器成为近年来又一新的研究热点。临近空间(near space)又称近空间或近太空，一般是指距地面 20～100km 的空域，是介于传统航空与航天之间的特殊空域。临近空间飞行器(near space vehicle)是指主要工作于临近空间，并利用临近空间独有的空间资源执行一定任务的一类飞行器，主要包括临近空间飞艇、高空无人机、航空航天飞机、高超声速飞行器等。

高超声速飞行器(hypersonic vehicle)一般是指飞行马赫数大于 5 的临近空间飞行器，按其动力装置的不同，大致可分为高超声速滑翔飞行器和高超声速巡航飞行器两大类。高超声速飞行器具有快速响应、高机动性、大航程、高效摧毁和突防能力强等突出优点，受到各国的普遍关注。大力发展高超声速飞行器技术，无论在军用还是民用上都具有重要意义。但高超声速飞行器具有较大的飞行马赫数，飞行过程中面临严酷的力、热环境，使其技术发展面临诸多难题，如气动技术、耐高温防隔热材料技术、总体技术、推进技术、制导控制技术等。

目前，对于高超声速飞行器控制方法的研究属于国际前沿热点，国内外均有大量学者和科研机构开展这方面的研究。高超声速飞行器由于飞行速度高、动态特性显著，其运动模型具有快时变、强耦合、强非线性和强不确定性的特点，故其飞行控制面临极大挑战。传统增益预置的线性控制方法不仅难以取得满意的控制效果，还会引起分段过多、控制器频繁切换的问题。近年来，先进控制方法发展迅猛，在提高多变量非线性系统的快速性、鲁棒性及控制精度等控制性能方面体现出明显优势。因此，先进控制方法在高超声速飞行器控制系统设计中得到广泛应用，取得了良好的控制效果。目前，研究较多的先进控制方法包括动态逆控制、滑模变结构控制、预测控制、鲁棒控制、自适应控制、自抗扰控制等。

本书以高超声速飞行器为研究对象，分析其面临的控制理论难题，主要讨论预测控制的基本原理，介绍基于预测控制设计高超声速飞行器控制器的方法和步骤，总结预测控制方法的优势和应用技巧，相关成果可为高等院校和科研院所等单位的相关技术人员提供参考。全书共 8 章。第 1 章介绍高超声速飞行器及其面临的控制难题，梳理几种典型控制方法的研究概况，特别是对预测控制的发展现状进行详细综述；第 2 章介绍一些本书需要用到的控制基础知识；第 3 章介绍高超声速飞行器的刚体模型；第 4 章介绍高超声速飞行器动态特性分析方法和结果，为后续控制器设计奠定基础；第 5 章给出基于非线性最优预测控制方法设计高超声速飞行器控制系统的方法和步骤，并通过定点仿真算例分析控制方法的适用性；第 6 章针对高超声速飞行器不同飞行轨迹的特点，开展沿飞行弹道的控制系统设计和仿真验证；第 7 章在考虑各种参数拉偏情形下进行控制方法的仿真验证；第 8 章基于预测控制在高超声速飞行器上的应用研究结果，对预测控制方法的特点进行总结。

  本书是作者在预测控制和高超声速飞行器控制领域初步的研究结果，由于作者水平有限，书中难免存在不足之处，敬请广大读者批评指正。

作 者

2019 年 2 月于长沙

目　　录

主要符号说明

φ	俯仰角
ψ	偏航角
γ	滚动角
θ	弹道倾角
σ	航迹偏航角
α	攻角
β	侧滑角
γ_V	倾侧角
v	飞行器相对于地面的速度大小
F_e	离心惯性力
F_k	哥氏惯性力
M'_k	附加哥氏力矩
ω_h	半速度坐标系相对于地面坐标系的转动角速度
J	转动惯量
ω	飞行器相对于地面坐标系的转动角速度
ω_T	飞行器相对于惯性系的转动角速度
M	作用在飞行器上的气动力矩
q	动压
S_t	飞行器参考面积
l_t	飞行器参考长度
m	飞行器的质量
x,y,z	地面系下的位置坐标
r_1	地心距
h	飞行器距离地面高度
ϕ	地心纬度
ω_e	地球自转角速度
D,L,N	速度系下的阻力、升力和侧力
C_D,C_L,C_N	阻力系数、升力系数和侧力系数

M_{xb}, M_{yb}, M_{zb}	滚动力矩、偏航力矩和俯仰力矩
m_x, m_y, m_z	滚动力矩系数、偏航力矩系数和俯仰力矩系数
$\delta_e, \delta_a, \delta_r$	左升降舵偏角、右升降舵偏角、方向舵偏角
$\delta_\varphi, \delta_\psi, \delta_\gamma$	俯仰舵偏角、偏航舵偏角、滚动舵偏角
η	燃油当量比

第 1 章 绪 论

本书的高超声速飞行器主要指高超声速巡航飞行器，该类飞行器通常以吸气式超燃冲压发动机或组合发动机为动力装置，能够以 5 马赫以上的速度在近空间巡航飞行，具有响应速度快、机动性能好、突防能力强等突出优点，多年来一直是国际科技前沿研究热点。但由于该类飞行器的运动具有快时变、强耦合、强非线性和强不确定性的特点，使其发展面临诸多技术难题，如气动/结构一体化设计技术、超燃冲压发动机技术、耐高温防隔热材料技术、先进制导控制技术等。近年来，随着技术的不断进步，高超声速飞行器的发展已进入飞行演示验证阶段，典型代表主要有美国的 X-43A、X-51A 和俄罗斯的"冷""针"等高超声速试验飞行器[1]。

1.1 高超声速飞行器概述

1.1.1 发展历程

一般认为，高超声速飞行器的最早研究始于 20 世纪 30 年代 Sänger 构想的助推滑翔式飞行器，Sänger 将这种飞行器命名为"银鸟"(Silverbird)[2-7]，如图 1.1 所示。受德国军事需求的牵引，由 Sänger 牵头开展了高超声速飞行器技术的长期研究，并于 1944 年发表了名为"A Rocket Drive for Long Range Bombers"的长篇报告，系统阐述了这种远程高超声速飞行器的飞行原理、推进系统、几何外形、任务剖面、导航方案、发射方式和作战模式等。此外，我国著名空气动力学专家钱学森也是高超声速飞行器概念研究先驱之一。1945 年，钱学森在《论高超声速相似律》一文中，首次使用"Hypersonic"来表示 5 马赫以上的飞行速度，后来该词在世界范围内得到了广泛认可。1948 年，钱学森在美国火箭学会举行的年会报告上提出了一种可以完成助推-滑翔式洲际机动飞行的高速运输系统，对应的飞行弹道一般称为"钱学森弹道"。

第二次世界大战结束后，德国关于高超声速飞行器早期概念研究的相关成果分别被美国和苏联继承。在此基础上，两国分别开展了自己的高超声速飞行器

图 1.1　"银鸟"飞行器

技术研究工作。苏联在 20 世纪四五十年代对"银鸟"飞行器进行了大量的风洞试验，积累了丰富的试验数据，并且在 60 年代中期由 Mikyan 设计局设计了自己的滑翔飞行器米格-105[8]。虽然米格-105 最终只研究出原型机，但为苏联/俄罗斯高超声速飞行器技术奠定了坚实的基础。以此为牵引，苏联/俄罗斯陆续开展了"暴风雪"号航天飞机、"快船"号新一代可重复使用载人航天飞行器、"鹰-31"高超声速飞行器、"针"式滑翔机动弹头等项目的研究。同样，美国以 Sänger 的"银鸟"飞行器为基础，从 40 年代末开始进行了一系列高超声速飞行器技术研究，其中比较有代表性的研究计划包括 BOMI、Dyna-Soar(图 1.2)、Alpha Draco、BGRV、HGV、CAV 等。

　　20 世纪五六十年代远程弹道导弹的出现、载人飞船的成功返回以及 X-15 试验机的飞行马赫数超越 6 等事件，标志着人类进入了高超声速时代[1]。此后，美国、苏联/俄罗斯、法国、德国、日本、印度、澳大利亚等国家掀起了开展高超声速飞行器研制的高潮。

1.1.2　国内外研究现状

　　1. 国外研究现状

　　1) 美国

　　X-30[9]是美国国家空天飞机(National Aerospace Plane, NASP)计划的高超声速概念飞行器，由美国国防高级研究计划局(DAPPA)与美国国家航空航天局(NASA)共同研制，如图 1.3 所示。该飞行器采用乘波体气动布局以及机身/推进一体化设计，水平起飞、水平降落，具有单级入轨能力。按照设计规划，该飞行器可在 30km 高度以 5 马赫的速度巡航飞行 12000km 以上，完成横跨太平洋的飞行仅需 2h，因此，又被称为"东方快车"。由于研制难度过大和研制成本过高，X-30 飞行器的研制已于 1994 年被取消，仅开展了缩比模型研究，未建造全尺寸实体样机。

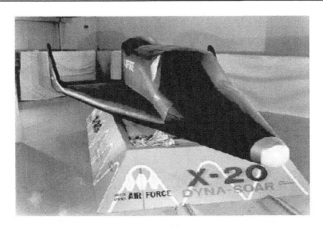

图 1.2　"Dyna-Soar" 航天飞机

图 1.3　X-30 飞行器想象图

NASP 计划被取消后，美国 NASA 提出高超声速试验(Hyper-X)计划，其中 X-43A[10, 11]是其主要的试验飞行器。X-43A 与 X-30 在外形上十分相似，采用机身/推进一体化设计和乘波体布局，飞行器前体机身设计为超燃冲压发动机进气道的外压缩斜面，机身后段设计为发动机的尾喷口，如图 1.4 和图 1.5 所示。X-43A 机身长 3.6m，翼展 1.5m，自重约 1t，前缘半径非常小，控制面也非常薄，巡航飞行时的阻力较小。姿态控制的执行机构为气动舵面，布置于机身后部，主要包括全动式水平尾翼、双垂尾翼及方向舵。

图 1.4　X-43A 飞行器想象图

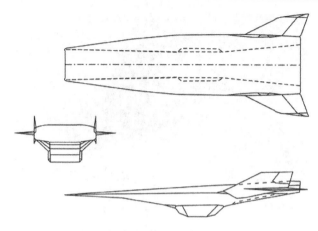

图 1.5 X-43A 飞行器三视图

  X-43A 主要用于开展超燃冲压发动机试验，试验中飞行器仅携带液态氢作为燃料，而氧化剂是利用发动机进气道获得的空气中的氧气。为了达到超燃冲压发动机的试验条件，X-43A 采用挂载加火箭助推的发射方式。如图 1.6 和图 1.7 所示，其飞行过程为：首先由 B-52 轰炸机将 X-43A 及助推火箭带飞到 12.2km 高空并投放，助推火箭随即点火将其助推到 28.5km 高空，然后 X-43A 与助推火箭分离，超燃冲压发动机点火开始试验。

图 1.6 携带 X-43A 的助推火箭与载机 B-52 脱离并点火

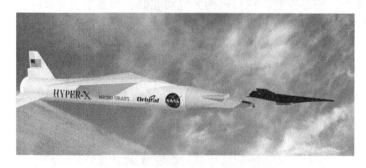

图 1.7 X-43A 与助推火箭分离想象图

目前，X-43A 已进行了三次飞行试验。2001 年 6 月 X-43A 进行了第一次试飞。由于助推火箭偏离航线并出现翻滚，飞行器在空中紧急自毁，试验失败。此后，X-43A 的试验计划大大延迟。2004 年 3 月和 11 月，X-43A 分别进行了第二次和第三次飞行试验。在第二次飞行试验中，X-43A 的超燃冲压发动机工作了大约 10s，最高速度达到 7 马赫。在第三次飞行试验中，X-43A 实现了 9.8 马赫的高超声速飞行，创造了吸气式发动机飞行器在大气层内的速度纪录。

X-51A 是另一高超声速巡航飞行器的典型代表。该飞行器是美国空军为验证吸热型碳氢燃料超燃冲压发动机性能而设计的无人试验飞行器。如图 1.8 所示，X-51A 机身长 4.27m，采用乘波体外形，因此被命名为"乘波者(Waverider)"。该飞行器升阻比较大，最大飞行马赫数为 6，最大飞行高度为 30km。为了在高速和高热流影响下仍然保持结构的完整和刚性，该飞行器机身主体采用铝合金和钛合金制造，头部采用钨合金，机身腹部等特殊部位表面覆盖隔热瓦，同时发动机还采用了主动冷却技术。与 X-43A 相似，X-51A 也采用挂载加火箭助推的发射方式，先由 B-52 轰炸机将 X-51A 和助推火箭带飞到 15.2km 高空并投放，助推火箭随即点火并将其加速到 4.5 马赫，然后 X-51A 与助推火箭分离，超燃冲压发动机点火后再将其加速至 5 马赫以上，并保持巡航飞行。

图 1.8 挂载于 B-52 轰炸机上的 X-51A 飞行器

美国共制造了四架 X-51A 飞行器，目前已进行了四次飞行试验。X-51A 飞行试验的主要目的是验证超燃冲压发动机在飞行状态下的工作性能。2010 年 5 月 26 日，X-51A 飞行器在加利福尼亚州南海岸的军事基地首飞成功，以接近 5 马赫的速度飞行了大约 3.5min，实现了同类发动机驱动飞行器的最长距离航行。2011 年 6 月 13 日第二次飞行试验中，由于超燃冲压发动机的进气道未启动，X-51A 的飞行试验过早终止。在技术人员的控制下飞行器坠落到加利福尼亚州沿海。2012 年 8 月 15 日，美国空军进行了 X-51A 飞行器的第三次飞行试验。由于控制翼故障，X-51A 飞行器在太平洋上空飞行仅 31s 后解体，远低于军方设定的飞行 5min 的目标。根据前三次飞行试验的经验和教训，研究人员对发动机进行了改进。2013 年 5 月 1 日，美国空军进行了 X-51A 飞行器的第四次飞行试验。据称，此次飞行试验取得成功，飞行器采用超燃冲压发动机成功加速至 5 马赫以上，并持续飞行 200s 以上，创造了持续吸气式高超声速飞行的新纪录。

2) 俄罗斯

俄罗斯为了保持军事上的优势，也在大力发展高超声速飞行器技术。20 世纪 90 年代开始先后开展了"冷"计划和"针"计划，发展了多种高超声速试验飞行器。"冷"计划试飞器为轴对称外形(图 1.9)，总质量 595kg，长 4.3m，最大直径 0.75m，采用氢燃料的亚燃/超燃冲压发动机，可以携带 18kg 液氢燃料。1991～1998 年，"冷"计划试飞器共进行了 5 次验证性飞行试验。除第 3、4 次出现过电子或机械故障外，飞行试验均十分成功，取得的成果主要包括[12, 13]：

(1) 实现了亚声速燃烧向超声速燃烧的转变。

(2) 飞行马赫数最高达到 6.5。

(3) 获得了飞行马赫数为 3.5～6.45 和相当高的动压条件下有关亚声速和超声速燃烧的飞行试验数据。

(4) "冷"高超声速试飞器、超燃冲压发动机模型、试飞器发射系统已成为一套完善的试验设备。

图 1.9　"冷"高超声速试飞器与 SM-5 导弹

"针"试飞器是俄罗斯另一重要的高超声速试验飞行器。该试飞器采用升力体布局(图 1.10)，全长 7.9m，翼展 3.6m，飞行马赫数为 6～14，采用三模块氢燃料超燃冲压发动机，其功能定位与美国的 Hyper-X 计划类似，主要用于研究机体/推进一体化、结构热防护、计算流体力学等一系列重大基础技术问题。据称[13]，该试飞器于 2001 年 6 月成功进行了飞行试验，2004 年 2 月又在"安全-2004"战略演习中进行了发射试验。

3) 法国

20 世纪 60 年代以来，法国从未间断过对高超声速技术的研究。1992 年，在国防部等单位领导下，法国制定了国家高超声速研究与技术(PREPHA)计划。PREPHA 计划历时 6 年，最后研制了 Chamois 超燃冲压发动机，并在 6 马赫的速度下进行了反复试验。此外，法国还研制了另一种超燃冲压发动机，并于 1999 年成功地进行了速度为 7.5 马赫的地面试验。目前，法国正在实施的高超声速技术发展计划主要有两个，即高超声速技术综合演示与超燃冲压发动机计划和 Promethee 空射型高超声速巡航导弹计划。前者是法国国家航空宇航公司与俄 罗

图 1.10 "针"高超声速试飞器模型

斯合作的研究计划，目的是研制一个高超声速技术综合演示器(Edith)和一台速度可达 12 马赫的煤油/液氢双燃料超燃冲压发动机。后者是法国国防采购局资助的计划，由法国航空航天研究院(ONERA)和法国宇航-马特拉公司合作实施，目前已经对 Promethee 的 3 个基础推进装置方案进行了评估。

4) 日本

日本的高超声速技术发展很快，1993 年，日本航空宇宙技术研究所建成了一座超燃冲压发动机试验台，可进行马赫数 4～8、流量 40kg/s 的工程性试验，1994～1998 年共进行了 150 次大型氢燃料的工程性试验，掌握了点火、推力测量、燃料调节、发动机冷却等关键技术。日本比较具有代表性的一个高超声速飞行器技术项目是 H-II 轨道飞机(HOPE)，如图 1.11 所示。H-II 轨道飞机是 20 世纪 80 年代曾研究过的航天飞机方案之一，是用 H-II 火箭发射，在普通跑道上水平着陆(跑道长 3000m)的不载人运货、全自主式航天飞机。

5) 印度

2001 年在美国盐湖城举行的"全球动力推进大会"上，印度设计的新型空天飞机模型首次露面。这种空天飞机称为"先进跨大气层吸气式研究飞行器"(AVATAR，简称艾瓦塔)，如图 1.12 所示。AVATAR 在梵文之意为"复活"，印度

图 1.11 日本空天飞机设想图

以此命名其新式空天飞机寓意为"超级飞机"计划重获新生。该机型体积小于俄罗斯米格-25战斗机,采用氢作燃料,可将500～1000kg重的卫星送入低轨道。从公布的照片看,艾瓦塔的设计非常前卫,完全打破了美国航天飞机的框架。尖尖的机头,宽大粗壮的机身,短小的双翼,整个造型非常流畅,真有点"天外来客"的味道。当地有关专家评论,这是国际航天界的一次技术性突破,不仅可使航天飞机在飞行过程中的阻力有效减小阻力,而且能装载更多的设备、人员和燃料。艾瓦塔主要以涡轮冲压喷气发动机为动力,爬升至巡航高度后改用超声速燃烧冲压喷气发动机。待巡航速度达到7马赫时,利用其火箭发动机加速飞行进入轨道。回收时,其离轨进入大气层后,利用自身动力系统降落。除民用航天任务外,其还可执行高空超声速监听、监视侦察甚至空间作战等军事任务。目前该计划负责人已表示,艾瓦塔可在十年内用不到20亿美元的经费制造成功,并且时间还可能会缩短。国际社会普遍认为,艾瓦塔的问世是印度军事航天技术一次质的飞跃。印度国防研究与发展组织主席萨拉斯瓦特表示,技术验证机将装备一台冲压式发动机,发动机由大气中的氧气与携带的液态氢混合燃烧产生巨大推力,实现超声速飞行。他指出,高超声速飞机的速度有望比声速快6～14倍,并将成为太空旅行史上的一次重大革命。

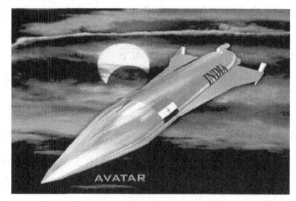

图 1.12　"艾瓦塔"空天飞机

6) 澳大利亚

澳大利亚在超燃冲压发动机研究方面起步较晚(开始于20世纪70年代),但在2002年澳大利亚却进行了模型发动机飞行试验,备受瞩目。1997年昆士兰大学成立高超声速中心,该中心同美、法、英、日、韩合作开展HyShot计划,分别在2000年10月30日和2002年7月30日完成了两次超燃冲压发动机的飞行试验。飞行试验利用Terrier Orion Mk70固体火箭搭载超燃冲压发动机，在火箭再入大气层到达 30km 高度、8 马赫时，模型发动机开始工作，持续大约 6.4s。

2. 国内研究现状

国内的高超声速推进技术研究始于 20 世纪 80 年代后期，初期的研究工作主要是整理和吸收国外研究成果，建立高超声速燃烧和冲压发动机的基础概念，对其性能进行初步分析，进行一些试验(图 1.13)。90 年代前期，研究主要集中在氢燃料超声速燃烧方面，研究目标是初步认识高超声速燃烧的流场形态，主要研究手段为数值模拟和少量的小尺度试验。90 年代中期，国内研究者开始关注喷射方式对氢/空气混合和火焰稳定的影响，混合增强技术成为研究重点。2002 年 6 月 17 日到 19 日，以"高超声速技术持续发展战略"为主题的香山学术讨论会在北京召开，该会议针对我国 21 世纪国家安全的需求、高超声速技术的发展战略与需求背景、高超声速技术的发展途径及其关键技术进行学术交流与讨论，并对我国发展高超声速技术所具备的条件进行评估，为我国相关部门的决策提供参考。以上都说明，我国正逐步加大对高超声速飞行器相关技术的研究。

图 1.13 中国高超声速推进试验装置

在国家科技重大专项、863 计划和 973 计划中，也将高超声速飞行器技术作为发展的重中之重，旨在突破一系列高超声速飞行器的关键技术。在科研牵引下，相关工业部门以及科研院校，如国防科技大学、中国科学院、哈尔滨工业大学、北京理工大学、西北工业大学、南开大学、北京航空航天大学、南京航空航天大学等单位进行了大量的预先研究和基础建设工作。

值得一提的是，在中国航空运输协会官网公布的第三届冯如航空科技精英奖获奖名单与事迹介绍中，首次公开证实了国防科技大学王振国院士团队高超声速飞行器完成自主飞行试验的消息。

1.2 高超声速飞行器控制概述

1.2.1 面临的难点问题

高超声速飞行器具有较大的飞行马赫数,其运动过程具有强非线性、快时变、强耦合和不确定性的特点,给高超声速飞行器控制系统的设计带来了诸多困难和挑战,已经成为国内外学者的研究热点。目前已有一系列相关专著出版[14-19]。总体来说,高超声速飞行器主要面临以下难点控制问题:

1) 强非线性

一般说来,飞行器的气动特性取决于它的构型和在大气层中的飞行状态。同时,飞行器的速度、高度和轨迹等飞行状态又取决于飞行器的气动构型、所采用的推力系统以及它的气动特性。高超声速飞行器在复杂的近空间环境和较大的飞行包线下,其气动特性将发生剧烈的非线性变化。主要表现在气动力系数与气动力矩系数随飞行状态和马赫数的非线性变化、飞行器的飞行状态随气动力与气动力矩的非线性变化以及气动力和气动力矩随大气密度等外界环境因素的非线性变化。

2) 快时变

高超声速飞行器要实现大范围高超声速机动飞行,加之不同飞行高度下大气密度的复杂变化以及飞行器操纵特性随高度和速度的不同而产生的急剧变化,势必使气动参数存在剧烈快时变现象,使气动力和气动力矩产生复杂的变化,进而将影响飞行运动状态的稳定性,增加飞行控制的难度。

3) 强耦合

由于高超声速飞行器飞行运动的复杂性以及对性能的高要求,纵向运动和横侧向运动之间、各个通道的姿态运动之间、姿态运动与质心运动之间都存在高度耦合。此外,为了达到良好的整体性能,吸气式高超声速飞行器的设计一般采用机体/超燃冲压发动机一体化的思想,从而使气动力与推进系统之间也存在强烈的耦合作用,而且超燃冲压发动机的推进性能对气流角非常敏感。这些因素都决定了高超声速飞行器具有强烈的耦合特性。

4) 不确定性

高超声速飞行器的不确定性主要表现为飞行环境的不确定和运动建模的不确定。描述临近空间环境的物理量随高度的变化较复杂,大气运动现象复杂多变,存在风切变、风紊流、阵风等现象的干扰作用,因而为飞行环境带来了很大的干扰和不确定性。另外,高超声速飞行器在高超声速飞行运动中,气动加热、薄激波层、黏性干扰、真实气体效应等高超声速流动特性将会对飞行器的气动力和稳定性产生很大影响，这些因素势必使飞行器的运动建模存在一定的误差。此外，由于技术资料和试验手段的限制，通过计算流体力学方法和风洞试验而获取的气动参数难免存在偏差，这也是运动建模不确定的诱因之一。

1.2.2　控制方法概述

1. 鲁棒控制方法

近似线性化方法通过对高超声速飞行器的非线性模型在平衡点附近进行线性化，进而采用成熟的线性化设计方法，能够使在特征点上的闭环系统满足一定的性能指标要求。但是，由于高超声速飞行器的飞行包线大、飞行环境复杂，近似线性化方法很少从全局的角度考虑系统的稳定性和性能，这就限制了近似线性化方法的应用。而非线性控制方法主要考虑闭环系统在整个飞行过程中的稳定性，却很少考虑是否满足给定的飞行性能指标。鲁棒增益协调控制方法是一种介于线性与非线性之间的控制方法。它不仅可以在一定程度上保证飞行器满足给定的飞行性能指标要求，而且可以在一定程度上保证闭环系统的稳定性。另外，该方法具有较好的可实现性。因此，鲁棒增益协调控制方法在高超声速飞行器的控制设计中具有较好的应用前景。鲁棒增益协调控制方法的基础是控制系统设计的鲁棒参数化设计方法。该方法能够满足多目标设计要求，可以使系统的各个设计指标得到综合优化。该方法给出了控制律设计非常简单、整洁的完全参数化公式，其中显含闭环系统的极点，不但可以保证系统的稳定性，而且还可以通过合适地选取极点或在一定区域内优化极点来把握系统的性能。段广仁及其合作者对参数化方法在导弹控制系统中的应用进行了一系列研究。针对倾侧转弯(bank to turn, BTT)导弹自动驾驶仪设计，文献[20]和[21]结合增益调度策略和鲁棒参数化方法研究了 BTT 导弹全局镇定控制器。通过六自由度非线性仿真对比，表明该方法在稳定性和闭环系统性能方面均优于传统的增益调度方法。文献[22]和[23]基于模型参考跟踪问题的参数化设计方法，采用前馈+反馈的控制策略，研究了考虑导引回路动态特性的自动驾驶仪设计。针对 BTT 导弹多模型切换控制产生抖动问题，文献[24]~[26]充分利用参数化特征结构配置方法提供的全部自由度，协调选取各子系统控制律中的参数来抑制切换时刻的抖动，基于参数化特征结构配置结果和模型跟踪理论提出可以有效抑制抖动的多模型切换 BTT 导弹的自动驾驶仪控制策略。不同于文献[24]~[26]的结果，文献[27]和[28]采用对局部闭环子系统特征结构插值方法的平滑切换策略，结合参数化设计方法研究了 BTT 导弹多模型切换控制设计。针对高速再入导弹自动驾驶仪设计，文献[29]基于鲁棒参数化方法，采用特征结构配置和模型参考跟踪理论设计 BTT 飞行器姿态控制系统的鲁棒控制器，完成对制导信号的快速跟踪。在此基础上，文献[30]结合区间系统理论和鲁棒参数化方法设计了高速再入导弹滚动通道抗扰控制器，仿真结果表明导弹系统在气动系数大范围变化时仍能保证良好的性能。针对导弹制导控制一体化设计，文献[31]采用参数化特征结构配置方法设计导弹制导与控制一体化状态反馈控制器。在文献[31]的基础上，文献[32]又研究了带有落角约束的导弹制导与控制一体化控制律。该控制律一方面保证导弹打击精度，另一方面保证导弹进行垂直打击。针对高超声速飞行器控制设计，文献[33]结合线性定常系统的参数化特征结构配置和增益调度策略，对一类拟合的高超声速飞行器模型分别设计了俯仰和偏航/滚动通道控制器，六自由度仿真验证了所设计控制器的有效性。文献[34]利用美国 NASA 兰利研究中心(Langley Research Center)的高超声速飞行器模型，基于模型参考跟踪的鲁棒参数化方法研究了高超声速巡航飞行器的控制设计问题。该方法能够同时有效地处理稳定性、跟踪性能以及鲁棒性能，仿真结果验证了其有效性。

2. 滑模控制方法

变结构控制由苏联学者 Utkin 和 Emelyanov 于 20 世纪 50 年代提出，经过五十余年的发展，已成为自动控制系统的一种重要的设计方法。变结构控制本质上是一类特殊的非线性控制，其非线性表现为控制的不连续性。这种控制策略与其他控制的不同之处在于系统的"结构"并不固定，而是在动态过程中根据系统当前的状态(如偏差及其各阶导数等)有目的地不断变化。滑模变结构控制是指其控制结构的变化能够迫使系统按照预定"滑动模态"的状态轨迹运动的一类特殊的变结构控制，也是最常用的一种变结构控制方法，因此一般将滑模变结构控制简称为滑模控制。

滑模控制具有优良的控制性能，研究人员采用滑模控制方法开展了大量飞行控制系统的设计与研究工作，特别是滑模控制在处理具有参数不确定性和外干扰的系统控制问题时表现出的强鲁棒性引起了研究人员的极大兴趣，很多学者采用滑模控制方法来解决高超声速飞行器面临的快时变、非线性和不确定性的控制问题。2001 年，Xu 等[35]采用滑模控制方法针对一类多输入-多输出(MIMO)非线性系统开展了鲁棒自适应控制律设计。2004 年，Xu 等[36]又以高超声速飞行器纵向模型为研究对象，基于趋近律的设计思想开展了自适应滑模控制方法研究。2006 年，Ahn 等[37]采用滑模控制与自适应方法设计了具有容错性的飞行控制系统。2007 年，杨俊春等[38]针对高超声速飞行器模型不确定性和外部干扰的影响设计的积分滑模控制器实现了对再入制导指令角的鲁棒解耦跟踪。2008 年，Lee 等[39]针对模型的非线性及不确定性，采用滑模控制方法研究了 F/A-18 飞行器的三维轨迹控制问题。2007～2008 年，黄国勇等以空天飞行器为研究对象，先后研究了基于快速模糊干扰观测器的终端滑模控制方案[40-42]和基于径向基函数(RBF)神经网络的终端滑模控制方案[43]，前者可有效抑制外界干扰的影响，提高再入过程的控制品质，后者可消除常规滑模控制的到达过程，且保证跟踪误差在有限时间内收敛到零。2009 年，Shtessel 等[44]采用光滑高阶滑模为武器拦截系统中的快速机动飞行器设计了自动驾驶仪，可有效应对目标的机动和飞行器模型的不确定性。李惠峰等[45]以高超声速飞行器纵向模型为研究对象，采用基于指数趋近律的滑模控制方法设计的纵向控制器提高了速度阶跃指令和高度阶跃指令的控制精度。张军等[46]针对近空间飞行器大包络高动态的飞行运动特性，设计了鲁棒自适应模糊终端滑模控制方案，有效抑制了不确定项与复杂干扰对系统的影响，实现了近空间飞行器复杂环境下高速运动的鲁棒自适应自主控制，同时还基于新型动态饱和函数设计了一种快速终端滑模面[47]，不仅确保了系统在有限时间内收敛，而且减少了参数导致的抖振和奇异问题，有效提高了控制方案的鲁棒性。2010 年，Wang 等[48]采用滑模控制方法设计了具有容错性的非线性飞行控制系统，提高了处理飞行环境不确定性的能力。Stott 等[49]针对运载火箭面临的多种不确定性，采用高阶滑模控制有效地提高了控制系统的鲁棒性和飞行控制精度。Harl 等[50]采用滑模控制方法设计了无动力升力体再入飞行器着陆段的导引律。2009～2011 年，蒲明等针对近空间飞行器飞行包络大、飞行速度快、气动参数变化剧烈、系统建模存在不确定性、受外界扰动大等特点，提出二阶动态终端滑模的控制方案[51-53]，利用控制方法在有限时间内收敛的特性加快了系统跟踪速度，通过引入二阶动态滑模得到在时间上本质连续的控制器，有效地克服了抖振问题，实现了快速、高精度、强鲁棒的跟踪控制。同时，为加快终端滑模的收敛速度和避免控制器的奇异性，在分析奇异性产生原因和推导控制器非奇异判据的基础上，设计了两种新型非奇异快速终端滑模，并将其与动态滑模相结合设计了近空间飞行器的控制器[54]。

飞行器无动力再入飞行过程中，空气密度和飞行器速度变化较大，动力学参数变化剧烈，通道间的耦合作用非常严重，表现出强烈的多变量耦合和非线性，且伴随着其他未知干扰和不确定性。由于滑模控制对系统不确定性和外部干扰具有良好的鲁棒性，且具有快速的动态响应能力，许多学者针对再入飞行的特点提出了不同的滑模姿态控制系统设计方法。朱纪立等[55]提出了一种新的指数时变滑模面，并对控制器中的参数通过遗传算法进行优化，有效地解决了巡航段高超声速飞行器的控制问题。王亮等则针对再入式飞行器的反馈线性化模型设计了指数时变滑模全局鲁棒控制器[56]，又将扰动观测器和指数时变滑模应用于再入式飞行器的姿态控制中，同样取得了良好的效果[57]。随后，扰动观测器被进一步应用在指数时变滑模方法中，有效地减小了采用边界层方法来处理滑模抖振问题时所引入的跟踪稳态误差，提高了系统的控制精度[58]。耿洁等[59]则针对高超声速飞行器给出了动态滑模飞行控制器设计方法，通过对不连续的控制量输出加以积分作用，有效地降低了普通滑模控制器的抖振现象。基于状态相依黎卡提方程(SDRE)的最优自适应积分滑模控制也被应用于高超声速飞行器中，解决了再入段的姿态控制问题[60, 61]。为了改善系统的控制精度，Geng 等[62, 63]随后在 SDRE 方法的基础上提出了两种二阶滑模面控制方法，使闭环系统具有全局鲁棒性和抗干扰性。再入式飞行器高空的直接力姿态控制问题也被 Geng 等设计的有限时间滑模解决[64]。王亮等提出基于高阶滑模观测器的自适应时变滑模控制器设计方法[65]和连续时变自适应滑模控制方法[66]，消除了控制器设计过程中对系统不确定性上界已知的要求。随后传统滑模和线性二次型调节器(LQR)方法的高阶滑模控制方法也被结合起来，提高了再入飞行器的姿态控制系统的跟踪性能[67]。

在高超声速飞行器的制导上，也取得了大量的成果。例如，Zhao 等将滑模控制应用在带末制导约束的制导问题中，通过不同的实例说明了该方法的有效性[68]。随后制导方法也被改进为 SDRE 滑模方式，其在二维和三维仿真中都取得了很好的效果[69]。在文献[70]中，滑模控制方法还被推广到飞行器的自动降落算法中，解决了大误差初始状态条件下的控制问题。

滑模控制对参数不确定性和干扰具有较强的鲁棒性，已成为高超声速飞行器控制系统设计的重要备选控制方法之一。为提高滑模控制方法对高超声速飞行器的适应性，有必要针对高超声速飞行器快时变、强耦合、非线性和不确定性等特点，全面考虑其飞行过程面临的各种控制难题，充分利用滑模控制的强鲁棒性，同时就如何提高控制系统的快速性、解耦性能及其对非线性问题的处理能力等方面开展深入研究。

3. 自抗扰控制方法

自抗扰控制技术是中国科学院韩京清提出的新型控制技术。该控制方法来源于 PID 控制，充分发挥了传统 PID 控制的优点，并克服其缺点。自抗扰控制能够将模型的不确定性、未建模动态以及外部扰动归结为"未知扰动"，通过扩张状态观测器观测后进行动态补偿，因此自抗扰控制具有相当强的鲁棒性。自抗扰控制技术主要包括跟踪微分器、非线性状态反馈和扩张状态观测器技术，通过组合以上三种技术可以得到多种非线性 PID 控制器以及自抗扰控制器。由于自抗扰控制技术具有诸多优点，逐渐有很多学者尝试将其应用于飞行控制领域，并取得了一系列成果。

Huang 等[34]将基于扩张状态观测器(ESO)的算法应用于防空导弹垂直发射阶段的大攻角、大滚动角三通道解耦控制，取得了显著的效果。孙明玮等对于飞行控制工程实践中碰到的两个问题采用线性自抗扰控制(LADRC)进行了解决，通过工程上常用的频域法进行了分析[71, 72]。随后，Sun 等[73]将 LADRC 应用于俯仰通道的大空域飞行控制，通过单参数调度实现了高动态姿态控制。印度国防研究与分析研究所 Talole 领导的团队积极开展了自抗扰控制(ADRC)在飞行器制导与控制上的研究工作, 包括战术导弹的滚动控制[74]、俯仰控制[75]、掠海飞行反舰导弹的高度控制[76]等, 充分说明了 ADRC 应用的灵活性。在过载控制方面, 文献[77]将传统三回路过载控制相结合, 提出了三回路自抗扰过载控制, 在保持原有阻尼和稳定回路特性的基础上, 利用 ESO 提高了对于动态性能的鲁棒性。文献[78]则将 LADRC 姿态控制优化问题转化成线性矩阵不等式(LMI)优化问题。陈新龙等[79]将自抗扰控制技术应用于某型导弹, 设计了一种双闭环的姿态控制器, 仿真结果表明采用自抗扰控制器可以获得相当理想的控制结果, 系统具有较强的鲁棒性和较好的动态性能。熊治国等[80]为超机动飞机的大迎角机动设计了基于自抗扰控制技术的双闭环控制系统, 实现了三通道的解耦控制, 并验证了设计的自抗扰控制器鲁棒性能很强, 而且具有良好的动态性能。宋志国[81]针对高超声速飞行器姿态控制问题, 结合自抗扰控制技术, 采用扩张状态观测器和非线性误差反馈率设计了双闭环自抗扰控制器, 该控制器具有较强的鲁棒性和良好的动态特性。秦昌茂等[82,83]针对扩张状态观测器连续但不光滑的缺点, 构造了连续光滑的 Qin 函数, 设计了高超声速飞行器自抗扰姿态控制器, 并通过仿真验证表明该控制器的有效性及鲁棒性。文献[84]采用 LADRC 设计滑翔制导, 避免了使用阻力微分等信息和复杂的非线性运算, 大空域全部使用线性控制。

在与飞行器的执行器密切相关的电机控制方面, Li 等[85]将 ADRC 应用于卫星的雷达指向伺服系统, 数学仿真显示了精度和跟踪速度上的改善。Sun 等[86, 87]采用 ESO 指令补偿的方式, 提高了电机原有 PD 控制在低速情况下的跟踪精度和动态品质。采用 LADRC, 文献[88]有效地改善了大型深空探测天线的抗风干扰能力和指向精度。针对飞行器制导与控制中应用 ADRC 的优势及存在的问题, 文献[89]根据实际进行了综述。

自抗扰控制器在飞行器以及电机控制上都得到了良好的应用。然而, 自抗扰控制设计的控制系统的稳定性仍然难以从理论上保证, 需要进一步深入研究。由于观测与控制高度耦合, 理论分析难度极大, 目前的一些理论结果往往都是在假定观测器带宽足够高的情况下得到的[90-96], 对于工程实践的指导价值不大。最近通过分析发现了实际中观察到的现象的物理本质: 当 ESO 带宽提高时, 也就是观测精度提高时, 系统容易发生振荡的根源是对于对象时延不确定性的容忍程度下降[86,97]。

4. 其他控制方法

在以上重点介绍的几种控制方法之外, 动态逆控制、反步控制、轨迹线性化控制、智能控制方法等越来越多的现代控制方法都已经应用于高超声速飞行器控制系统的设计中，取得了良好的控制效果。文献[98]采用动态逆控制方法实现了对高超声速飞行器纵向运动模型的线性化和解耦控制，取得了良好的纵向稳定控制性能。虽然动态逆控制在模型线性化方面表现出优良的性能，但也有其固有缺陷。动态逆控制方法要求对象模型是精确已知的，这对具有非线性和不确定性的高超声速飞行器而言很难满足，因此一般需要与其他方法相结合以增强控制系统的鲁棒性。文献[99]在通过动态逆控制方法得到高超声速飞行器纵向逆系统的基础上，采用反步控制设计了高超声速飞行器纵向飞行控制器，取得了良好的控制性能，且具有较好的鲁棒性。反步控制方法在每一步反向递推设计中都要对虚拟控制律进行重复求导，导致虚拟控制量所含项随着系统阶数的增加以指数形式增长，产生了计算膨胀，使控制器随着系统阶数的增加变得高度非线性且高度复杂。当控制器应用于高超声速飞行器这种多变量非线性系统时，其计算量往往是机载计算机难以承受的，因此研究如何减少非线性控制律的复杂程度，同时不降低其过渡过程品质已成为反步控制方法急待解决的问题，也是目前反步控制方法研究的热点问题。文献[100]基于微分代数谱理论提出轨迹线性化控制方法，由于该方法具有良好的非线性跟踪和解耦控制，也被应用于高超声速飞行器的控制器设计中，轨迹线性化控制方法能使系统对于不确定性具有本质上的鲁棒性，但其轨迹线性化的处理特点使系统获得的是局部指数稳定，在不确定性逐渐变大时，轨迹线性化控制方法本质上的鲁棒性能会降低甚至消失。线性时变带宽技术的带宽的调整时机和调整规律都依赖于大量的前期仿真和试验等先验知识，这也必然增加了设计的难度。因而，在不确定因素足够大时，同样需要引入新的控制手段来改善它的控制性能。为解决轨迹线性化在不确定性较大时鲁棒性能下降的问题，文献[100]综合采取神经网络技术观测外界干扰，实现对外界干扰的有效补偿，提高控制系统的性能。随着飞行器智能化发展的需求，智能控制方法显现出相较于其他控制方法的独有优势，已经应用于很多领域的控制器设计中。同样，智能控制方法也被应用于高超声速飞行器控制器的设计中[101]，并取得了令人满意的效果。然而，由于目前单一的控制方法在高超声速飞行器控制应用中各有优缺点，无法满足飞行控制任务复杂化的要求。因此，将不同控制方法相融合，发挥各自优点，实现高度组合智能飞行控制成为当前普遍关注的焦点和发展趋势。

1.3　预测控制方法

预测控制是一类基于模型的控制算法，因此又称为模型预测控制，其基本思想是利用被控对象的动态模型预测其未来输出，并通过在未来时段上优化过程输出来计算最佳输入序列，以达到提高控制性能的目的。预测控制最初由 Richalet、Cutler 和 Rouhani 等于 20 世纪七八十年代提出。1978 年，Richalet 等[102]基于脉冲响应模型提出模型预测启发式控制(MPHC)算法。1980 年，Cutler 等[103]基于阶跃响应模型提出动态矩阵控制(DMC)算法。1982 年，Rouhani 等[104]基于脉冲响应模型又提出了模型算法控制(MAC)。对于工业过程，脉冲响应、阶跃响应等模型可通过现场测试而获得，且采用滚动优化和反馈校正的实施策略增强了系统的鲁棒性，因此，模型算法控制与动态矩阵控制首先在工业过程控制中得到了成功应用。之后预测控制引起工业控制界的广泛关注，得到蓬勃发展。

MPHC、DMC、MAC 均属于基于非参数模型的预测控制。尽管这类基于非参数模型的预测控制具有很多优点，但由于脉冲响应、阶跃响应等模型无法描述不稳定系统，其应用范围受到较大限制。为此，Clarke 等[105]于 1987 年提出基于参数模型的广义预测控制(GPC)算法。GPC 算法结合了自适应控制的思想，不仅可以用于控制开环稳定的最小相位系统，还可以用于控制非最小相位系统和不稳定系统，当模型阶次高于或低于真实过程时，仍能获得良好的控制性能[106]。广义预测控制采用在线优化性能指标，结合了辨识与自校正的思想，既吸收了自适应控制适用于随机系统、在线辨识等优点，又保持了预测控制算法中的滚动优化策略、对模型要求不高等特点，被广泛地应用于非线性、不确定系统的控制中，取得了良好的性能。

预测控制算法最初是针对线性系统提出的，然而实际控制对象往往表现出时变、非线性、不确定性等特性，很难采用精确的数学建模方法给出系统有效的控制模型。当非线性特性较弱时，可通过在线辨识模型参数等手段予以克服；但当对象表现为强非线性时，基于线性模型的常规预测控制则达不到优化控制的目的，控制效果受到极大影响。为了解决这类强非线性和不确定系统的控制问题，产生了非线性预测控制方法。目前，非线性预测控制方法主要包括线性化方法、基于特殊非线性模型的方法和先进控制策略辅助方法等。非线性预测控制中采用的线性化方法主要有三种，依次为局部线性化方法、多模型方法[107, 108]和反馈线性化方法[109,110]。常用的特殊非线性模型包括 Hammerstein 模型[111]、Volterra 模型[112]、Wiener 模型[113]等，这些模型描述了系统输入和输出之间的关系，模型结构一般是确定的，但模型参数需采用辨识方法来获得。模糊规则、神经网络、支持向量机等先进控制策略在非线性系统建模方面具有优良的性能，将其与预测控制相结合可得到不同的非线性预测控制方法，这些方法在处理非线性系统的控制问题中表现出较好的适用性[114-117]。预测控制的滚动优化需要在线迭代求解，计算量较大，繁重的计算负担限制了非线性预测控制在实时控制工程中的应用。2003 年，Chen 等[118]

针对一类仿射型非线性系统的最优控制问题，提出一种具有解析形式的非线性预测控制算法。该算法通过对输出量和控制量进行泰勒级数展开，由性能指标最优的必要条件得到了非线性预测控制解析形式的最优控制量，从而计算量大幅度减小。修观和程路等分别以滑翔增程式制导炮弹[119-121]和近空间高超声速飞行器[122, 123]为研究对象，采用上述具有解析形式的非线性预测控制方法设计了飞行控制系统，并通过仿真计算验证了该方法的有效性。

预测控制在适应快时变、非线性、不确定性等方面的优越性能，引起控制界越来越多的关注，并尝试将其应用到飞行控制系统设计中。2005 年，Recasens 等[124]基于反馈线性化和模型预测控制提出一种非线性预测控制方法，在考虑推力器、气动舵偏角等约束的条件下设计了控制系统，并通过 X-38 升力体飞行器再入飞行过程的仿真分析，验证了该方法对气动参数偏差及干扰具有比常规控制系统更强的鲁棒性。2005～2006 年，Richards 等[125]和 Slegers 等[126]采用预测控制方法研究了无人飞行器(UAV)的飞行控制问题。Oort 等[127]基于反馈线性化和鲁棒预测控制设计的控制器，实现了对飞行速度、攻角、侧滑角和转动角速度的跟踪控制，且对气动参数偏差具有鲁棒性。2006～2007 年，方炜等针对空天飞行器再入过程中的制导与姿态控制问题，采用预测控制方法分别设计了制导律[128]和姿态控制律[129]，实现了对参考轨迹和制导指令的跟踪控制。2009 年，Vaddi 等[130]采用预测控制方法设计的控制器成功实现了高超声速飞行器纵向模型参考轨迹的跟踪控制，且满足了多种不等式约束条件。邵晓巍等[131]针对高超声速飞行器姿态动力学模型多约束、多变量耦合和非线性的特点，采用预测控制方法设计了时变自适应控制器，该控制方案保证了闭环系统的稳定性。李正强等[132]通过对控制向量和输出向量的泰勒级数展开，得到了解析形式的最优控制量，并设计了飞行器六自由度非线性模型预测控制器，获得了良好的控制性能。2010 年，Du 等[133]针对近空间高超声速飞行器，基于最优广义预测控制算法和泛函连接网络直接自适应律提出了一种新的非线性自适应控制方法，较好地实现了不确定和干扰影响下的姿态跟踪控制。2011 年，程路等以近空间高超声速飞行器为研究对象，针对其飞行环境的不确定性，研究了基于在线支持向量机补偿的非线性广义预测控制方法[134]，获得了良好的控制性能；针对飞/推一体化及其快时变和强非线性，采用具有解析形式的非线性预测控制，结合 T-S 模糊系统的通用逼近性，设计了模糊自适应律来消除系统不确定性的影响，实现了飞行器纵向运动的飞/推一体化控制[135]。

Wang 等[136]提出了高超声速飞行器的分层预测控制方法，在高超声速飞行器纵向模型的控制中取得了良好的控制效果，进而研究了预测模型失配情况下的反馈校正算法，并在气动参数偏差和干扰组合影响下，仿真验证了分层预测控制方法的适用性[137]。Cheng 等在文献[138]的基础上，提出了一种针对高超声速飞行器的非线性连续预测滑模控制方法[139]，该方法兼具滑模控制鲁棒性强的特点和预测控制的优化特性。通过仿真发现，预测滑模控制相比传统滑模控制方法有明显优势，同时，由于控制律具有解析形式，也避免了预测控制器计算量大的问题，证明了预测滑模控制方法对于高超声速飞行器姿态控制问题的有效性。在此基础上，针对存在外界大干扰作用时的高超声速飞行器高精度、强鲁棒控制器设计问题，提出了基于模糊干扰观测器的预测滑模姿态控制方法，提高了外界大干扰作用下控制器的控制性能[140]。

综上可知，预测控制在解决高超声速飞行器快时变、强非线性和不确定性的控制问题中表现出了良好的适用性，已成为高超声速飞行器可选控制方法之一。然而，传统预测控制的计算量一般较大，难以满足高超声速飞行器快速性的要求。同时，如何提高预测控制系统的动态响应能力、控制精度及鲁棒性均值得深入研究，而目前关于这些问题的研究较少。

1.4 本书章节安排

本书共 8 章，各章节内容安排如下：

第 1 章，绪论。介绍高超声速飞行器的国内外发展概况以及高超声速飞行器控制方法的研究现状，并对预测控制方法及其在高超声速飞行器中的应用情况进行详细综述与分析。

第 2 章，理论基础。介绍控制系统描述的基本理论知识以及控制系统稳定性的相关理论基础，并介绍后续将重点研究的非线性最优预测控制方法的相关基本知识，为控制方法研究奠定理论基础。

第 3 章，面向控制的飞行器刚体建模。介绍常用的坐标系及其转换关系，建立高超声速飞行器的完整六自由度运动模型，以及针对高超声速飞行器的特性，建立面向控制的飞行器刚体模型。

第 4 章，飞行器动力学特性分析。通过分析高超声速飞行器的升阻比特性、推力特性以及静稳定性，掌握高超声速飞行器的飞行动力学特性，为控制系统设计奠定基础。

第 5 章，基于非线性最优预测控制方法的控制系统设计。推导非线性最优预测控制律，研究反馈校正方法，并证明非线性最优预测控制律的稳定性。给出非线性最优预测控制方法的控制律设计步骤，并开展定点仿真验证研究。

第 6 章，高超声速飞行器沿弹道控制系统设计。采用非线性最优预测控制方法设计适用于高超声速飞行器的分层预测控制方法，并通过沿弹道开展仿真验证分层预测控制方法对于高超声速飞行器的适用性，以及给出各控制参数的选取规则。

第 7 章，高超声速飞行器全弹道控制系统仿真。深入开展全弹道飞行条件下，设计的制导控制系统对高超声速飞行器的适用性研究。在复杂环境和多约束条件下，研究设计的制导控制系统对高超声速飞行器的适用性。

第 8 章，总结与展望。总结分析预测控制方法的特点，梳理其在解决高超声速飞行器控制问题中的优势和不足，为后续高超声速飞行器预测控制方法需进一步研究的重点问题提出建议。

第2章 理 论 基 础

本章介绍一些常用的概念和基础知识，包括控制系统的描述、控制系统的稳定性定义和基本定理，以及非线性最优预测控制方法的基础理论。对于一些结果，本章只是给出了结论而略去证明。

2.1 控制系统描述

本节内容详细可参见文献[141]。

2.1.1 微分方程描述

在讨论控制系统的状态空间描述之前，先来介绍我们熟知的传递函数描述。

在控制系统的分析与设计中，第一步就是建立系统的数学模型，对所研究的对象给予适当的数学描述。用传递函数描述系统就是一种行之有效的方法。

传递函数描述的是系统的输入-输出关系。用它描述系统时，假定对系统结构的内部信息一无所知，能够得到的只是系统的输入信息和输出信息。在这种情况下，对我们来说，系统的内部结构就像一个"黑箱"。因此，传递函数只能刻画系统的输入-输出特性，它被称为系统的输入-输出描述或外部描述。

使用传递函数方法描述系统所用的数学工具主要是 Laplace 变换。因此，它主要适用于描述定常线性系统。对于单输入-单输出线性定常系统，传递函数是指在初始条件为零的前提下，输出的 Laplace 变换与输入的 Laplace 变换之比。

1. 单变量情形的简单回顾

已知由下列常系数微分方程描述的定常线性系统：

$$y^{(n)}(t) + a_{n-1}y^{(n-1)}(t) + \cdots + a_1\dot{y}(t) + a_0y(t) \\ = b_m u^{(m)}(t) + b_{m-1}u^{(m-1)}(t) + \cdots + b_1\dot{u}(t) + b_0u(t) \tag{2.1}$$

式中，$y(t)$ 称为系统的输出；$u(t)$ 称为系统的输入；t 表示时间；a_i 和 $b_j (i = 0,1,\cdots, n-1;\ j = 0,1,\cdots,m)$ 都是实常数。假设 $y(t)$ 以及它的直到 $n-1$ 阶导数和 $u(t)$ 以及它的直到 $m-1$ 阶导数的初始值全为零，并且取 $t_0 = 0$ 为初始时刻(这并不失一般性)，这时，对方程(2.1)两边取 Laplace 变换，得

$$\left(s^n + a_{n-1}s^{n-1} + \cdots + a_1s + a_0\right)Y(s) = \left(b_ms^m + b_{m-1}s^{m-1} + \cdots + b_1s + b_0\right)U(s)$$

或者

$$\frac{Y(s)}{U(s)} = \frac{b_ms^m + b_{m-1}s^{m-1} + \cdots + b_1s + b_0}{s^n + a_{n-1}s^{n-1} + \cdots + a_1s + a_0}$$

式中，$Y(s)$ 和 $U(s)$ 分别为 $y(t)$ 和 $u(t)$ 的 Laplace 变换；s 为 Laplace 算符。

令

$$G(s) = \frac{b_ms^m + b_{m-1}s^{m-1} + \cdots + b_1s + b_0}{s^n + a_{n-1}s^{n-1} + \cdots + a_1s + a_0}$$

那么，称 $G(s)$ 为系统(2.1)的传递函数。如果 $m \le n$，则 $G(s)$ 为 s 的真有理分式，这时称系统(2.1)为物理能实现的。今后，我们总是讨论物理能实现的系统。因此，一个系统的传递函数如果是有理分式，它必是真有理分式。

多项式

$$s^n + a_{n-1}s^{n-1} + \cdots + a_1s + a_0$$

称为系统(2.1)的特征多项式。代数方程

$$s^n + a_{n-1}s^{n-1} + \cdots + a_1s + a_0 = 0$$

称为系统(2.1)的特征方程。特征方程的根或者说特征多项式的零点称为系统(2.1)的极点。多项式

$$b_ms^m + b_{m-1}s^{m-1} + \cdots + b_1s + b_0$$

的零点称为系统(2.1)的零点。如果系统(2.1)有相同的零点和极点，则称这个系统有零极相消。零极相消后剩下的系统的极点和零点分别称为传递函数 $G(s)$ 的极点和零点。如果零级相消后剩下的系统的极点和零点都在复平面的左半开平面内，那么称这个系统为最小相位的。

系统(2.1)的特征多项式的次数称为系统的阶。按照这个定义，系统(2.1)是 n 阶的。一个系统的阶，实际上是指刻画其动力学行为所需要的独立变量的最少个数。

用传递函数描述系统(2.1)时，有

$$Y(s) = G(s)U(s)$$

因此，如果给出一个传递函数，那么也就相当于确定了一个系统。从系统的这种描述法可知，传递函数的确刻画了系统的输入-输出关系，反映了系统的外部信息。因此，从传递函数本身无法了解系统的内部结构，两个内部结构完全不同的系统，其传递函数可以完全一样。

2. 传递函数矩阵及有关定义

考察多输入-多输出的线性定常系统，令输入变量组为 $\{u_1, u_2, \cdots, u_r\}$，输出变量组为 $\{y_1, y_2, \cdots, y_m\}$，且假设系统的初始条件为零。用 $\hat{y}_i(s)$ 和 $\hat{u}_j(s)$ 分别表示 y_i 和 u_j 的 Laplace 变换，$g_{ij}(s)(i=1, 2, \cdots, m; j=1, 2, \cdots, r)$ 表示系统由第 j 个输入端到第 i 个输出端的传递函数，那么由系统的线性属性(即满足叠加原理)可以导出

$$\begin{cases} \hat{y}_1(s) = g_{11}(s)\hat{u}_1(s) + g_{12}(s)\hat{u}_2(s) + \cdots + g_{1r}(s)\hat{u}_r(s) \\ \hat{y}_2(s) = g_{21}(s)\hat{u}_1(s) + g_{22}(s)\hat{u}_2(s) + \cdots + g_{2r}(s)\hat{u}_r(s) \\ \qquad\qquad\qquad\qquad \vdots \\ \hat{y}_m(s) = g_{m1}(s)\hat{u}_1(s) + g_{m2}(s)\hat{u}_2(s) + \cdots + g_{mr}(s)\hat{u}_r(s) \end{cases}$$

其向量方程的形式则为

$$\hat{y}(s) = \begin{bmatrix} \hat{y}_1(s) \\ \vdots \\ \hat{y}_m(s) \end{bmatrix} = \begin{bmatrix} g_{11}(s) & \cdots & g_{1r}(s) \\ \vdots & & \vdots \\ g_{m1}(s) & \cdots & g_{mr}(s) \end{bmatrix} \begin{bmatrix} \hat{u}_1(s) \\ \vdots \\ \hat{u}_r(s) \end{bmatrix} = G(s)\hat{u}(s)$$

由上式所定义的 $G(s)$ 称为系统的传递函数矩阵。容易看出，$G(s) \in \mathbf{R}^{m \times r}(s)$。并且，当 $G(s)$ 的元传递函数 $g_{ij}(s)(i=1, 2, \cdots, m; j=1, 2, \cdots, r)$ 除严格真外，还包含真有理分式时，即它的一个或一些传递函数中分母和分子多项式具有相等的最高幂次时，称 $G(s)$ 为真有理分式矩阵；而当 $g_{ij}(s)$ 均为严格真有理分式时，即 $g_{ij}(s)$ 的分子多项式的最高幂次均小于分母多项式的最高幂次时，称 $G(s)$ 为严格真有理分式矩阵。通常，当且仅当 $G(s)$ 为真或严格真时，它才是物理上可以实现的。作为一个判别准则，当且仅当 $\lim_{s \to \infty} G(s) =$ 零阵或 $\lim_{s \to \infty} G(s) =$ 非零常数矩阵成立时，相应的传递函数矩阵 $G(s)$ 为严格真的或真的。

2.1.2 状态空间描述

在以后的分析中将看到，外部描述一般只是对系统的一种不完全的描述，它不能反映黑箱内部的某些部分。内部描述则是系统的一种完全的描述，它能完全表征系统的一切动力学特性。只有在系统满足一定属性的前提下，这两类描述之间才具有等价关系。

1. 状态与状态空间

系统的状态空间描述是建立在状态和状态空间概念的基础上的。状态和状态空间本身并不是一个新的概念，长期以来在质点和刚体动力学中得到了广泛的应

用。但是，随着将它们引入系统和控制理论中来，并使之适合描述系统的动态过程，这两个概念才有了更为一般性的含义。

定义 2.1 完全地表征系统时间域行为的一个最小内部变量组称为动力学系统的状态。组成这个变量组的变量 $x_1(t), x_2(t), \cdots, x_n(t)$ 称为系统的状态变量，其中 $t \geqslant t_0$，t_0 为初始时刻。由状态变量构成的列向量

$$x(t) = \begin{bmatrix} x_1(t) \\ \vdots \\ x_n(t) \end{bmatrix}, \quad t \geqslant t_0$$

称为系统的状态向量，简称状态。状态向量取值的向量空间称为状态空间。

为了正确理解状态和状态空间的含义，有必要对其定义做如下几点解释：

(1) 状态变量组可完全地表征系统行为的属性体现在：只要给定这组变量 $x_1(t), x_2(t), \cdots, x_n(t)$ 在初始时刻的值，以及输入变量 $u_1(t), u_2(t), \cdots, u_p(t)$ 在 $t \geqslant t_0$ 各瞬时的值，则系统中任何一个变量在 $t \geqslant t_0$ 时的运动行为也就随之完全确定了。

(2) 状态变量组的最小性体现在：状态变量 $x_1(t), x_2(t), \cdots, x_n(t)$ 是为完全表征系统行为所必需的系统变量的最少个数，减少变量数将破坏表征的完全性，而增加变量数将是完全表征系统行为所不需要的。

(3) 状态变量组在数学上的特征体现在：$x_1(t), x_2(t), \cdots, x_n(t)$ 构成系统变量中的极大线性无关组。考虑到状态变量 $x_1(t), x_2(t), \cdots, x_n(t)$ 只能取为实数值，因此状态空间是建立在实数域上的向量空间，且维数即为 n。对于确定的某个时刻，状态表示为状态空间中的一个点；而状态随时间的变化过程则构成了状态空间中的一条轨迹。

(4) 状态变量组包含了系统的物理特征：当组成状态的变量个数 n 为有穷正整数时，相应的系统为有穷维系统，且称 n 为系统的阶次；当 n 为无穷大时，相应的系统则是无穷维系统。一切集中参数系统都属于有穷维系统，而一切分布参数系统则属于无穷维系统。

由上述定义可知，系统中变量的个数必大于 n，而其中仅有 n 个是线性无关的。这一点决定了状态变量在选取上的不唯一性。那么两个不同的状态变量组之间具有什么关系呢？下述命题对此给出了明确的回答。

命题 2.1 一个动态系统任意选取的两个状态变量组之间为线性非奇异变换的关系。

证明略。

2. 动态系统的状态空间描述

引入状态和状态空间的概念之后，就可以建立动力学系统的状态空间描述了。

从结构的角度讲，一个动力学系统可用图 2.1 所示的方块图来表示，其中 $x_1, x_2, \cdots, x_n$ 是表征系统行为的状态变量组，$u_1, u_2, \cdots, u_r$ 和 $y_1, y_2, \cdots, y_m$ 分别为系统的输入变量组和输出变量组。

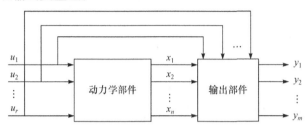

图 2.1　动力学系统结构示意图

与输入-输出描述不同，状态空间描述把系统动态过程的描述考虑为一个更为细致的过程：输入引起系统状态的变化，而状态和输入则决定了输出的变化。

输入引起状态的变化是一个运动的过程，数学上必须采用微分方程或差分方程来表征，并且称这个数学方程为系统的状态方程。就连续动态过程而言，考虑最为一般的情况，则其状态方程为如下一阶非线性时变微分方程组：

$$\begin{cases} \dot{x}_1 = f_1(x_1, \cdots, x_n; u_1, \cdots, u_r; t) \\ \qquad\qquad \vdots \qquad\qquad\qquad t \geqslant t_0 \\ \dot{x}_n = f_n(x_1, \cdots, x_n; u_1, \cdots, u_r; t) \end{cases}$$

在引入向量表示的基础上，还可将状态方程简洁地表示为向量方程的形式：

$$\dot{x} = f(x, u, t), \quad t \geqslant t_0 \tag{2.2}$$

式中

$$x = \begin{bmatrix} x_1 \\ \vdots \\ x_n \end{bmatrix}, \quad u = \begin{bmatrix} u_1 \\ \vdots \\ u_r \end{bmatrix}, \quad f(x, u, t) = \begin{bmatrix} f_1(x, u, t) \\ \vdots \\ f_n(x, u, t) \end{bmatrix}$$

状态和输入决定输出的变化是一个变量间的转换过程，描述这种转换过程的数学表达式为变换方程，并且称其为系统的输出方程或量测方程。最为一般的情况下，一个连续动力学系统的输出方程具有如下形式：

$$\begin{cases} y_1 = g_1(x_1, \cdots, x_n; u_1, \cdots, u_r; t) \\ \qquad\qquad \vdots \\ y_m = g_m(x_1, \cdots, x_n; u_1, \cdots, u_r; t) \end{cases}$$

或表示为向量方程的形式，则为

$$y = g(x, u, t) \tag{2.3}$$

式中

$$y = \begin{bmatrix} y_1 \\ \vdots \\ y_m \end{bmatrix}, \quad g(x,u,t) = \begin{bmatrix} g_1(x,u,t) \\ \vdots \\ g_m(x,u,t) \end{bmatrix}$$

系统的状态空间描述由状态方程和输出方程所组成。联合写出来，则为

$$\begin{cases} \dot{x} = f(x,u,t) \\ y = g(x,u,t) \end{cases} \quad t \geqslant t_0 \tag{2.4}$$

由于采用向量方程的形式，当状态变量、输入变量和输出变量的数目增加时，并不增加状态空间描述在表达形式上的复杂性。

3. 线性系统的状态空间描述与相关概念

如果限于考虑线性的连续动态过程，那么此时在系统的状态方程和输出方程中，向量函数 $f(x,u,t)$ 和 $g(x,u,t)$ 将都具有线性的关系，从而线性系统的状态空间描述可表示为如下一般形式：

$$L_T : \begin{cases} \dot{x} = A(t)x + B(t)u \\ y = C(t)x + D(t)u \end{cases} \quad t \geqslant t_0 \tag{2.5}$$

与一般情形一样，这里，$x(t)$ 是 n 维向量，称为系统的状态向量，n 称为系统的阶；$u(t)$ 是 r 维向量，称为系统的控制输入向量，r 称为系统的输入维数；$y(t)$ 是 m 维向量，称为系统的量测输出向量，m 称为系统的输出维数；另外，$A(t)$ 是 $n \times n$ 矩阵，称为系统矩阵；$B(t)$ 是 $n \times r$ 矩阵，称为控制分布矩阵或输入矩阵；$C(t)$ 是 $m \times n$ 矩阵，称为量测矩阵或输出矩阵；$D(t)$ 是 $m \times r$ 矩阵，称为前馈矩阵。这些矩阵统称为系统的系数矩阵，它们的每个元都是 t 的分段连续函数。

如果系统的输入维数 $r = 1$，则称系统为单输入系统；如果系统的输出维数 $m = 1$，则称系统为单输出系统；如果 $m = r = 1$，则称系统为单输入-单输出系统，或简称单变量系统。

在系统 L_T 中，如果 $A(t)$、$B(t)$、$C(t)$ 和 $D(t)$ 都是与时间无关的常值矩阵，那么这个系统称为定常的，此时它可表示为

$$L : \begin{cases} \dot{x} = Ax + Bu \\ y = Cx + Du \end{cases} \quad t \geqslant t_0 \tag{2.6}$$

与定常系统相对应，系统 L_T 称为时变的。

由于线性系统完全由系统的参数矩阵决定，因而在许多情形下将它们简单地记成 $\begin{bmatrix} A(t) & B(t) & C(t) & D(t) \end{bmatrix}$ 和 $\begin{bmatrix} A & B & C & D \end{bmatrix}$。

对于定常线性系统，称系统矩阵 A 的特征值、特征向量、Jordan 标准型、特

征方程和特征多项式为系统的特征值、特征向量、Jordan 标准型、特征方程和特征多项式。系统的特征值也称为系统的极点。

2.1.3　解的存在性和唯一性

1. 常微分方程解的存在性和唯一性

要根据系统在 t_0 时刻的状态预测其未来状态的数学模型，初值问题

$$\dot{x} = f(t,x), \quad x(t_0) = x_0 \tag{2.7}$$

必须有唯一解，本节讨论解的存在性和唯一性问题。对此，有以下定理。

定理 2.1 (局部存在性和唯一性)　设 $f(t,x)$ 对 t 分段连续，且满足 Lipschitz 条件

$$\|f(t,x) - f(t,y)\| \leqslant L\|x-y\|, \quad \forall x,y \in B = \left\{x \in \mathbf{R}^n \,\middle|\, \|x-x_0\| \leqslant r\right\}, \quad \forall t \in [t_0, t_1]$$

那么存在 $\delta > 0$，使状态方程(2.7)在 $[t_0, t_0 + \delta]$ 内有唯一解。

定理 2.1 是局部定理，因为它仅在区间 $[t_0, t_0 + \delta]$ 保证了解的存在性和唯一性。为了保证解的无限扩展，需要 f 满足全局 Lipschitz 条件，对此，有下述全局存在性和唯一性定理。

定理 2.2 (全局存在性和唯一性)　设 $f(t,x)$ 对 t 分段连续，且满足

$$\|f(t,x) - f(t,y)\| \leqslant L\|x-y\|, \quad \forall x,y \in \mathbf{R}^n, \quad \forall t \in [t_0, t_1]$$

那么状态方程(2.7)在 $[t_0, t_1]$ 内有唯一解。

考虑到全局 Lipschitz 条件的保守性，常用全局存在性和唯一性定理，该定理要求函数 f 仅是局部 Lipschitz 的。下面的定理满足了这一要求，但必须知道关于系统解的更多信息。

定理 2.3　设对于所有 $t \geqslant t_0$ 和定义域 $D \subset \mathbf{R}^n$ 内的 x，$f(t,x)$ 对 t 分段连续，对 x 是局部 Lipschitz 的，设 W 是 D 的一个紧子集，$x_0 \in W$，并假设方程(2.7)的每个解都在 W 内，那么对于所有的 $t \geqslant t_0$，系统有唯一解。

上述定理的证明请参见相关文献。

2. 线性系统解的存在性和唯一性

对于线性系统，描述其状态运动过程的状态方程为

$$\dot{x} = A(t)x + B(t)u, \quad x(t_0) = x_0, \quad t \in [t_0, t_a] \tag{2.8}$$

或

$$\dot{x} = Ax + Bu, \quad x(0) = x_0, \quad t \geqslant 0 \tag{2.9}$$

其中，式(2.8)对应于系统为时变的情况，而式(2.9)对应于系统为定常的情况。分

析系统运动的目的，就是要从其数学模型出发，定量地和精确地定出系统运动的变化规律，以便为系统的实际运动过程做出估计。从数学上看，这个命题可归结为，相对于给定的初始状态 x_0 和外输入作用 u，来求解状态方程(2.8)或方程(2.9)的解 $x(t)$，即由初始状态和外输入作用所引起的响应。

尽管系统的运动是对初始状态和外输入作用的响应，但运动的形态主要是由系统的结构和参数所决定的，即是由参数矩阵对[$A(t)$ $B(t)$]或[A B]所决定的。状态方程的解 $x(t)$ 给出了系统运动形态对系统的结构和参数的依赖关系。这一关系有可能用来分析系统的结构特性，或者通过引入附加的部分改变系统的参数或结构，使系统运动形态在性能上达到期望的要求。

容易理解，只有当状态方程满足初始条件的解存在且唯一时，对系统运动的分析才有意义。从数学上看，这就要求状态方程中的系数矩阵和输入作用满足一定的假设，它们是保证方程的解存在且唯一所必需的。

就线性时变系统(2.8)而言，如果系统矩阵 $A(t)$ 和 $B(t)$ 的所有元在时间定义区间 $[t_0,t_a]$ 上均为 t 的实值连续函数，而输入 $u(t)$ 的元在时间定义区间 $[t_0,t_a]$ 上是连续实函数，则其状态方程的解 $x(t)$ 存在且唯一。通常，这些条件对于实际的物理系统总是能满足的。但是，从数学观点而言，上述条件或许太强了，下述引理给出了较弱的条件。

引理 2.1 系统(2.8)对于任何 $x(0)$ 有解且解唯一的充要条件是：

① $A(t)$ 的各元 $a_{ij}(t)$ 在 $[t_0,t_a]$ 上是绝对可积的，即

$$\int_{t_0}^{t_a} \left| a_{ij}(t) \right| \mathrm{d}t < \infty, \quad i,j = 1,2,\cdots,n$$

② $B(t)$ 的各元 $b_{ik}(t)$ 在 $[t_0,t_a]$ 上是平方可积的，即

$$\int_{t_0}^{t_a} \left[b_{ik}(t) \right]^2 \mathrm{d}t < \infty, \quad i = 1,2,\cdots,n; k = 1,2,\cdots,r$$

③ $u(t)$ 的各元 $u_k(t)$ 在 $[t_0,t_a]$ 上是平方可积的，即

$$\int_{t_0}^{t_a} \left[u_k(t) \right]^2 \mathrm{d}t < \infty, \quad k = 1,2,\cdots,p$$

利用 Schwarz 不等式，有

$$\sum_{k=1}^{r} \int_{t_0}^{t_a} \left| b_{ik}(t) u_k(t) \right| \mathrm{d}t \leqslant \sum_{k=1}^{p} \left[\int_{t_0}^{t_a} \left[b_{ik}(t) \right]^2 \mathrm{d}t \cdot \int_{t_0}^{t_a} \left[u_k(t) \right]^2 \mathrm{d}t \right]^{1/2}$$

从而上述条件②和③即等价于 $B(t)u(t)$ 的元在区间 $[t_0,t_a]$ 上绝对可积。对于线性定常系统(2.9)，系数矩阵 A 和 B 均为常阵，因此只要其元的值为有限值，那么上述条件①和②总是满足的。

在下面各节的讨论中，总是假定系统满足上述解的存在唯一性条件，并在这一前提下来分析系统状态的运动规律。

2.2　控制系统的稳定性

本节内容详细可参见文献[141]。

2.2.1　系统的运动与平衡点

在研究运动稳定性问题时，常限于研究没有外输入作用时的系统。当系统为非线性和时变的最一般情况时，可用如下显含时间的非线性向量状态方程来描述：

$$\dot{x} = f(x,t), \quad x(t_0) = x_0, \quad t \geq t_0 \qquad (2.10)$$

式中，x 为 n 维状态向量；$f(\cdot,\cdot)$ 为 n 维向量函数。进而，如果系统为定常，则其状态方程(2.10)中将不显含 t；如果系统为线性，那么状态方程(2.10)中 $f(\cdot,\cdot)$ 为 x 的线性向量函数，此时式(2.10)化为

$$\dot{x} = A(t)x, \quad x(t_0) = x_0, \quad t \geq t_0$$

假定状态方程(2.10)满足解的存在唯一性条件，则可将其由初始状态 x_0 所引起的运动表示为

$$x(t) = \phi(t; x_0, t_0), \quad t \geq t_0$$

它是时间 t 的函数，而导致运动的原因是以 t_0 为初始时刻的初始状态 x_0，并且显然有 $\phi(t_0; x_0, t_0) = x_0$。由于这一运动是由初始状态的扰动所引起的，因此常称其为系统的受扰运动。实质上，它等同于系统状态的零输入响应。

对于所考察的系统(2.10)，如果存在某个状态 x_e，满足

$$\dot{x}_e = f(x_e, t) = 0, \quad \forall t \geq t_0$$

则称 x_e 为系统的一个平衡点或平衡状态。由此可见，平衡状态即是系统方程的常数解，或系统的一种静止的运动。在大多数情况下，$x_e = 0$，即状态空间的原点为系统的平衡状态；除此之外，系统也可有非零平衡状态。

令

$$X_e = \left\{ x_e \,\middle|\, \dot{x}_e = f(x_e, t) = 0, \; \forall t \geq t_0 \right\}$$

则 X_e 为系统平衡点的集合，X_e 中的孤立点称为系统的孤立平衡点。容易证明，对于孤立平衡状态，总是可以通过移动坐标系而将其转换为空间的原点，所以在许多情形下常可以假定平衡状态 x_e 为原点。

2.2.2　Lyapunov 意义下的稳定性定义

所谓系统运动的稳定性，就是其平衡状态的稳定性，也即偏离平衡状态的受扰运动能否只依靠系统内部的结构因素而返回到平衡状态，或者限制在它的一个有限邻域内。

定义 2.2(Lyapunov 意义下的稳定性)　设 x_e 为系统(2.10)的一个平衡状态，称 x_e 为 Lyapunov 意义下稳定的，如果对给定的任一实数 $\varepsilon > 0$ ，都对应地存在一个实数 $\delta(\varepsilon, t_0) > 0$ ，使得由满足不等式

$$\|x_0 - x_e\| \leqslant \delta(\varepsilon, t_0) \tag{2.11}$$

的任一初态 x_0 出发的受扰运动都满足不等式

$$\|\varphi(t; x_0, t_0) - x_e\| \leqslant \varepsilon, \quad \forall t \geqslant t_0 \tag{2.12}$$

这个定义的几何含义是，对任意给定的正实数 ε ，在状态空间中以 x_e 为球心构造半径为 ε 的一个超球体，其球域记为 $S(\varepsilon)$ 。则若存在对应的一个正实数 $\delta(\varepsilon, t_0)$ ，其大小同时依赖于 ε 和初始时刻 t_0 ，而可构造球心为原点、半径为 $\delta(\varepsilon, t_0)$ 的另一个超球体，相应的球域记为 $S(\delta)$ ，且由球域 $S(\delta)$ 上的任一点出发的运动轨线 $\phi(t; x_0, t_0)$ ，对所有 $t \geqslant t_0$ ，都不脱离域 $S(\varepsilon)$ 。那么，就称原点平衡状态 x_e 在 Lyapunov 意义下为稳定的。

定义 2.3(Lyapunov 意义下的一致稳定性)　在上述 Lyapunov 意义下的稳定性定义中，如果 δ 的选取只依赖于 ε 而与初始时刻 t_0 的选取无关，则进一步称平衡状态 x_e 是一致稳定的。

对于定常系统， x_e 的稳定等价于一致稳定，但对于时变系统， x_e 的稳定并不意味着其为一致稳定，而且，从实际的角度而言，常要求一致稳定，以便在任一初始时刻 t_0 出现的受扰运动都是在 Lyapunov 意义下为稳定的。

定义 2.4(Lyapunov 意义下的渐近稳定性)　动力学系统(2.10)的一个平衡状态 x_e 称为是渐近稳定的，如果：

① x_e 在 Lyapunov 意义下为稳定的，即满足上述关于稳定的定义。

② 对 $\delta(\varepsilon, t_0)$ 和任意给定的实数 $\mu > 0$ ，对应地存在实数 $T(\mu, \delta, t_0) > 0$ ，使得由满足不等式(2.11)的任一初态 x_0 出发的受扰运动都同时满足不等式

$$\|\phi(t; x_0, t_0) - x_e\| \leqslant \mu, \quad \forall t \geqslant t_0 + T(\mu, \delta, t_0)$$

根据渐近稳定的直观含义，随着 $\mu \to 0$ ，显然有 $T \to \infty$ ，因此当平衡状态 x_e 为渐近稳定时，下式必成立：

$$\lim_{t \to \infty} \phi(t; x_0, t_0) = x_e, \quad \forall x_0 \in S(\delta)$$

显然，x_e 为渐近稳定的必要条件是它为系统的一个孤立平衡点。

定义 2.5(Lyapunov 意义下的一致渐近稳定性) 如果在上述 Lyapunov 意义下的渐近稳定性定义中，实数 δ 和 T 的大小都不依赖于初始时刻 t_0，那么称平衡状态 x_e 是一致渐近稳定的。

显然，对于时变系统，一致渐近稳定比渐近稳定更有意义。

从工程观点而言，渐近稳定比一致渐近稳定更为重要。实际上，渐近稳定即为工程意义下的稳定，而 Lyapunov 意义下的稳定是工程意义下的临界不稳定。此外，为了确定地判断系统的稳定性，确定使系统为渐近稳定的最大区域 $S(\delta)$ 无疑是必要的，通常称这个区域为平衡状态的吸引区。

定义 2.6(Lyapunov 意义下的大范围渐近稳定性) 设 x_e 为系统(2.10)的一个平衡状态，如果以状态空间中的任一有限点 x_0 为初始状态的受扰运动 $\phi(t; x_0, t_0)$ 都是有界的，且等式

$$\lim_{t \to \infty} \phi(t; x_0, t_0) = x_e$$

成立，则称系统(2.10)的平衡状态 x_e 是大范围渐近稳定的。

通常，也称大范围渐近稳定为全局渐近稳定，而称小范围渐近稳定为局部渐近稳定。显然，系统为大范围渐近稳定的必要前提是系统只有唯一一个孤立平衡状态。对于线性系统，由于其满足叠加原理，所以当它为渐近稳定时，就一定是大范围渐近稳定的。在工程问题中，通常总是希望具有大范围稳定的特性。

定义 2.7 (Lyapunov 意义下的不稳定定义) 设 x_e 为系统(2.10)的一个平衡状态，如果对于不管取多么大的有限实数 $\varepsilon > 0$，都不可能找到相应的实数 $\delta(\varepsilon, t_0) > 0$，使得由满足不等式(2.11)的任一初态出发的运动满足不等式

$$\left\| \phi(t; x_0, t_0) - x_e \right\| \leqslant \varepsilon, \quad \forall t \geqslant t_0$$

则称平衡状态 x_e 为不稳定的。

下面再给出指数稳定的定义。

定义 2.8 (指数稳定的定义) 设 x_e 为系统(2.10)的一个平衡状态，如果对于任意的有限实数 $\varepsilon > 0$，都存在相应的实数 $\delta(\varepsilon) > 0$ 和 $\alpha > 0$，使得由满足不等式

$$\left\| x_0 - x_e \right\| \leqslant \delta(\varepsilon) \tag{2.13}$$

的任一初态出发的运动满足不等式

$$\left\| \phi(t; x_0, t_0) - x_e \right\| \leqslant \varepsilon \, e^{-\alpha(t - t_0)}, \quad \forall t \geqslant t_0$$

则称平衡状态 x_e 为指数稳定的。

定义 2.9 (全局指数稳定的定义) 设 x_e 为系统(2.10)的一个平衡状态，如果对于任意的有限实数 $\delta > 0$，都存在相应的实数 $k(\delta) > 0$ 和 $\alpha > 0$，使得由满足不等式

(2.13)的任一初态出发的运动满足不等式

$$\left\| \varphi(t;x_0,t_0) - x_e \right\| \leqslant k(\delta)\left\| x_0 \right\| \mathrm{e}^{-\alpha(t-t_0)}, \quad \forall t \geqslant t_0$$

则称平衡状态 x_e 为全局指数稳定的。

2.2.3　Lyapunov 方法

约在一个世纪以前，1892 年俄国学者 Lyapunov 在其发表的"运动稳定性的一般问题"的论文中，首先建立了运动稳定性的一般理论。在这篇论文中，Lyapunov 把分析由常微分方程组所描述的动力学系统稳定性的方法归纳为本质不同的两种方法，分别称为 Lyapunov 第一方法和 Lyapunov 第二方法。Lyapunov 第一方法又称间接法，这种方法先要由系统的动态方程来找出其一次近似的线性化方程，再通过对线性化方程稳定性的分析进而给出原非线性系统在小范围内稳定性的有关信息。Lyapunov 第二方法也称直接法，其特点是不需要引入线性近似，而直接由系统的运动方程出发，通过构造一个类似于"能量"的 Lyapunov 函数，并分析它和其一次导数的定号性而获得系统稳定性的有关信息。Lyapunov 第二方法概念直观，该方法具有一般性，物理意义清晰。因此，当 Lyapunov 第二方法在 1960 年前后被系统地引入系统与控制理论中后，就很快得到了广泛的应用，不管是理论上还是应用上都显示出了它的重要性。在这一小节中，我们利用一定的篇幅概括地介绍 Lyapunov 第二方法的主要结论。它依赖于下述正定函数的概念。

定义 2.10　设 $x \in \mathbf{R}^n$，Ω 是 $\mathbf{R}^n$ 中包含原点的一个封闭有限区域；$V(x,t)$ 是定义在 $\Omega \times [t_0, \infty)$ 上的一个标量函数。如果：

① $V(x,t)$ 关于 x 和 t 均具有一阶连续偏导数。

② $V(0,t) = 0$。

③ $V(x,t)$ 有界正定，即存在两个连续的非减标量函数 $\alpha(\|x\|)$ 和 $\beta(\|x\|)$ 满足

$$\alpha(0) = \beta(0) = 0$$

并使得对任何 $t \geqslant t_0$ 和 $x \neq 0$，有

$$0 < \alpha(\|x\|) \leqslant V(x,t) \leqslant \beta(\|x\|)$$

则称 $V(x,t)$ 为定义在 $\Omega \times [t_0, \infty)$ 上的一个(时变)正定函数。进一步，如果 $\lim\limits_{\|x\| \to \infty} \alpha(\|x\|) = \infty$，则称正定函数 $V(x,t)$ 具有无穷大性质。

定义 2.11　设 $x \in \mathbf{R}^n$，Ω 为 $\mathbf{R}^n$ 中包含原点的一个区域；$V(x)$ 为定义在 Ω 上的一个标量函数。如果：

① $V(x)$ 对于向量 x 的所有分量均有连续偏导数。

② $V(0) = 0$。

③ 对于任何 $x \neq 0$ 有 $V(x) > 0$，则称 $V(x)$ 为定义在 Ω 上的一个时不变正定函

数。进一步，如果 $\lim\limits_{\|x\|\to\infty} V(x)=\infty$ ，则称正定函数 $V(x)$ 具有无穷大性质。

正定函数 $V(x,t)$ 沿着系统(2.10)的全导数为

$$\frac{\mathrm{d}V}{\mathrm{d}t}=\frac{\partial V}{\partial x}f(x,t)+\frac{\partial V}{\partial t}$$

基于上述正定函数的概念，可以给出 Lyapunov 第二方法的主要定理。对于时变动力学系统的情形，有下述两个定理。

定理 2.4　如果存在包含原点的某邻域 $\Omega\subset\mathbf{R}^n$ 和定义在 $\Omega\times[t_0,\infty)$ 上的一个有界正定函数 $V(x,t)$ ，它沿着系统(2.10)的全导数在 $\Omega\times[t_0,\infty)$ 上为有界半负定的(或负定的)，则系统(2.10)的零平衡状态是一致稳定的(或一致渐近稳定的)。

定理 2.5　如果存在一个具有无穷大性质的定义在 $[t_0,\infty)\times\mathbf{R}^n$ 上的有界正定函数 $V(x,t)$ ，它沿着系统(2.10)的导数 $\dot{V}(x,t)$ 在 $[t_0,\infty)\times\mathbf{R}^n$ 上一致有界且一致负定，则系统(2.10)的零平衡点为全局一致渐近稳定的。

对于定常动力学系统的情形，有下述四个 Lyapunov 定理。

定理 2.6　如果在原点的某邻域 Ω 内存在一个正定函数 $V(x)$ ，它沿着系统(2.10)的全导数在 Ω 内为半负定(或负定)的，则系统(2.10)的零平衡点为局部稳定(或渐近稳定)的。

定理 2.7　如果在原点的某邻域 Ω 内存在一个正定函数 $V(x)$ ，它沿着系统(2.10)的全导数 $\dot{V}(x)$ 在 Ω 中为半负定的，但在 Ω 中 $\dot{V}(x)$ 在系统(2.10)的非零解上非零，则系统(2.10)的零平衡点渐近稳定。

定理 2.8　如果在 $\mathbf{R}^n$ 上存在一个具有无穷大性质的正定函数 $V(x)$ ，它沿着系统(2.10)的全导数 $\dot{V}(x)$ 在 $\mathbf{R}^n$ 上为负定的，则系统(2.10)的零平衡点为全局渐近稳定的。

定理 2.9　如果在原点的某邻域 Ω 内存在一个正定函数，它沿着系统(2.10)的全导数在 Ω 内亦为正定，则系统(2.10)的零解为不稳定的。

关于上述 Lyapunov 定理的证明，请参阅有关稳定性方面的专著，此处从略。

2.2.4　线性系统的稳定性

2.2.3 节介绍了一般动力学系统的 Lyapunov 稳定性理论，本节讨论我们所关心的线性系统。首先从线性系统稳定性的特殊性谈起。

1. 线性系统稳定性的特殊性

当动态系统(2.10)化为线性系统时，可一般地表示为下述形式：

$$\dot{x}=A(t)x,\quad t\geqslant t_0 \tag{2.14}$$

进一步，当系统矩阵 $A(t)$ 为定常时，系统(2.14)化为下述线性定常系统：

$$\dot{x} = Ax, \quad t \geqslant t_0 \tag{2.15}$$

显然，对于线性系统(2.14)，原点必为其一平衡点。但除此之外，它还可能有其他非零平衡点。例如，对于系统(2.15)，当矩阵 A 降秩时，由线性方程组理论可知系统具有无穷多个平衡点。关于线性系统的不同平衡点的稳定性有下述命题。

命题 2.2 如果线性系统(2.14)的零平衡点稳定，则其一切其他非零平衡点亦稳定。

由上述命题及其证明思想不难推知，对于线性系统，只要其一个平衡点是稳定的，则其所有的平衡点均稳定。反之，若线性系统有一个平衡点不稳定，则其所有的平衡点均不稳定。从这一意义上讲，对于线性系统可直接言其本身稳定与否，而不必再指明其某平衡点是否稳定。线性系统稳定性的这一特点称为线性系统不同平衡点的稳定性的等价性。

下面讨论线性系统渐近稳定性的特殊性。对此有下述命题。

命题 2.3 如果线性系统(2.14)的零解为渐近稳定的，则其必为全局渐近稳定。

上述命题说明，线性系统零平衡状态的局部渐近稳定性等价于其全局渐近稳定性。这一特性称为线性系统渐近稳定性的全局与局部的等价性。由这一特性可以推知，若线性系统的零解为渐近稳定的，则该系统一定不存在非零平衡点。从而对于系统(2.15)，如果它渐近稳定，则必有矩阵 A 非奇异。

由于线性系统的上述特性，今后可以直接言及系统渐近稳定与否。又由于指数稳定蕴含渐近稳定，因而对于线性系统，亦可以说系统本身是否指数稳定。类似于上述命题的证明，容易推得下述指数稳定的全局与局部的等价性。

命题 2.4 线性系统(2.14)的指数稳定性与全局指数稳定性等价。

上述命题的证明请参见相关参考文献，此处从略。

2. 线性时变系统的稳定性判定

下面讨论线性系统(2.14)的一类稳定性判据——Lyapunov 判据。

定义 2.12 设 $Q(t)$ 为定义在 $[t_0, \infty)$ 上的一个分段连续的实对称矩阵函数，它称为是一致有界和一致正定的，如果存在正实数 $\beta_2 > \beta_1 > 0$，使下式成立：

$$0 < \beta_1 I \leqslant Q(t) \leqslant \beta_2 I, \quad \forall t \geqslant t_0$$

为获得线性系统(2.14)的 Lyapunov 定理，这里先来介绍一个引理。

引理 2.2 设系统(2.14)是一致渐近稳定的，$\Phi(t, t_0)$ 为其状态转移矩阵，$Q(t)$ 为一致有界、一致正定的矩阵，则积分

$$P(t) = \int_t^{\infty} \Phi^{\mathrm{T}}(\tau, t) Q(t) \Phi(\tau, t) \mathrm{d}\tau \tag{2.16}$$

对于任何 $t > 0$ 收敛，且为下述矩阵微分方程的唯一解：

$$-\dot{P}(t) = P(t)A(t) + A^{\mathrm{T}}(t)P(t) + Q(t), \quad \forall t \geqslant t_0 \tag{2.17}$$

下面的定理即是线性时变系统(2.14)的稳定性判定的 Lyapunov 定理。

定理 2.10　考虑线性时变系统(2.14)，x_e 为其唯一的平衡状态，$A(t)$ 的元均为分段连续的一致有界的实函数，则原点平衡状态为一致渐近稳定的充要条件是：对任意给定的一个实对称、一致有界和一致正定的时变矩阵 $Q(t)$，Lyapunov 矩阵微分方程(2.17)有唯一的实对称、一致有界和一致正定的矩阵解 $P(t)$。

推论 2.1　设 $A(t)$ 为 $[t_0, \infty)$ 上的一致有界分段连续矩阵，且

$$\lambda\left[A^{\mathrm{T}}(t) + A(t)\right] < -\delta < 0$$

则系统(2.14)一致渐近稳定。

3. 线性定常系统的稳定性判定

前面讨论了线性时变系统的稳定性。本节接着讨论线性定常系统

$$\dot{x} = Ax, \quad t \geqslant 0 \tag{2.18}$$

的稳定性问题。不同于线性时变系统(2.14)，线性定常系统(2.18)的稳定性不存在一致性问题，因而对于系统(2.18)，只有稳定和渐近稳定两种稳定性。

1) 直接判据与 Hurwitz 定理

下述定理说明线性定常系统(2.18)的稳定性完全由系统矩阵 A 的特征结构所决定。

定理 2.11　对于系统(2.18)，有下述结论：

① 系统(2.18)稳定的充要条件是矩阵 A 的所有特征值均具有非正实部，且其具有零实部的特征值为其最小多项式的单根，也即在矩阵 A 的 Jordan 标准型中，与 A 的零实部特征值相关联的 Jordan 块均为一阶的。

② 系统(2.18)渐近稳定的充要条件是矩阵 A 的所有特征值均具有负实部。

定理的证明请参见相关参考书，此处从略。关于 Hurwitz 稳定性，有如下定义。

定义 2.13　设 $A \in \mathbf{R}^{n \times n}$，则：

① 矩阵 A 称为 Hurwitz 稳定的，如果矩阵 A 的所有特征值均具有负实部。

② 矩阵 A 称为临界 Hurwitz 稳定的，如果矩阵 A 是非 Hurwitz 稳定的，但它的所有特征值均具有非正实部，且其具有零实部的特征值为其最小多项式的单根。

判定一个矩阵的稳定性，可以先求得其特征多项式，再应用下述 Hurwitz 定理。

Hurwitz 定理　给定实系数多项式

$$f(s) = s^n + a_1 s^{n-1} + \cdots + a_{n-1}s + a_n$$

其所有根均在复平面左半平面的充要条件是下述行列式均大于 0：

$$\Delta_i = \begin{vmatrix} a_1 & 1 & 0 & 0 & \cdots & 0 \\ a_3 & a_2 & a_1 & 0 & \cdots & 0 \\ a_5 & a_4 & a_3 & a_2 & \cdots & 0 \\ a_7 & a_6 & a_5 & a_4 & \cdots & 0 \\ \vdots & \vdots & \vdots & \vdots & & \vdots \\ a_{2i-1} & a_{2i-2} & a_{2i-3} & a_{2i-4} & \cdots & a_i \end{vmatrix}, \quad i = 1, 2, \cdots, n$$

式中，$a_j = 0$，$j > n$。

关于上述定理的证明可以参阅相关文献。

2) Lyapunov 定理

下面讨论系统(2.18)的稳定性的 Lyapunov 判据。

定理 2.12　线性定常系统(2.18)为渐近稳定的充要条件是矩阵方程

$$A^{\mathrm{T}} P + PA = -Q \tag{2.19}$$

对任意给定的正定对称矩阵 Q 都有唯一正定对称解 P。

定理的证明请参见相关文献，此处从略。

4. 关于"冻结法"的讨论

综上所述，对于线性时变系统的稳定性判定，无论利用直接判据还是 Lyapunov 判据，都是很困难的。然而，对于线性定常系统，其稳定性判定只需简单地检验系统矩阵的特征值的实部即可。这种鲜明的对比诱导着人们有时去铤而走险，从而导致工程上的"系数冻结法"的出现。

工程上的"系数冻结法"简称"冻结法"，是控制工程师至今仍沿用的利用线性定常系统的稳定判据判定线性时变系统稳定性的一种工程方法。它的基本思想可描述如下：

对于线性系统

$$\dot{x} = A(t)x, \quad t \geqslant t_0 \tag{2.20}$$

当 $A(t) = A$ 为定常时，可通过考察矩阵 A 的特征值的实部来判断其稳定性。但当 $A(t)$ 为时变时，"冻结法"则将 $A(t)$ 中的时标 t"冻结"，使系统(2.20)在冻结的时间点上化为一个定常系统。当验证了所有这些冻结了的定常线性系统的稳定性之后便可以断定系统(2.20)的稳定性。

在许多情况下，工程应用中的冻结点仅取了区间 $[t_0, \infty)$ 上的有限个点。事实上，即使将冻结点取遍整个区间 $[t_0, \infty)$，也即使对于任何 $t > t_0$ 有 $\mathrm{Re}\,\lambda[A(t)] < 0$ 甚至 $\mathrm{Re}\,\lambda[A(t)] = -\alpha < 0$ 时，系统(2.20)也可能仍为不稳定。事实说明，存在这样的非渐近稳定的线性时变系统，其系统矩阵的所有特征值关于时间一致位于复平面的

左半平面上。由此可见，工程上常用的关于线性时变系统稳定性分析的冻结法是不正确的。从严格的理论意义上讲，这种方法的错误在于冻结的定常系统的稳定性与原来时变系统的稳定性在一般情况下是不相干的。但从实际工程的角度看，任何系统无不处于时刻变化的状态之中，绝对定常的系统是不存在的。在许多实际应用中，人们可以抽象出系统的一个定常的模型，然后以这个模型为基础进行分析和设计。尽管这种分析和设计是很严谨的，但是当人们最终将所得的分析和设计结果用于实际系统时，由于实际系统不可能是绝对定常的，实际上便相当于用了冻结法。

关于冻结法在工程实际中应用的广泛性，可以从两个方面来理解。首先，任何一个线性定常系统的渐近稳定性都具有一定程度上的鲁棒性，即系统矩阵围绕某一常值矩阵波动的时变系统，只要其波动量足够小，便可由其定常化的系统决定其自身的稳定性。其次，对一类慢时变的线性系统，即系统矩阵元素的变化率足够小或满足某种形式的 Lipschitz 条件的系统，其渐近稳定性可根据系统矩阵的特征值是否在所有时间上具有负实部来判定。

总之，对于冻结法，要正确认识，大胆使用，但不应盲目地乱用。在使用的过程中一定要对其成立条件进行充分的分析。

值得强调的是，通过本小节的讨论，读者不应该给冻结法赋予一种贬义的色彩。事实上，从稳定性理论的角度看，它是一个很有意义的研究课题。目前为止，人们已经建立了系数冻结法成立的各种类型的条件。对这方面有兴趣的读者可以参见稳定性方面的有关著作。

2.3　非线性最优预测控制方法基础

2.3.1　预测控制方法基本原理

预测控制包含的具体算法有几十种，尽管各种算法在细节上各不相同，但其基本思想是类似的。一般来说，预测控制由预测模型、滚动优化和反馈校正三个基本部分组成，控制系统结构示意图如图 2.2 所示。

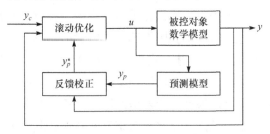

图 2.2　预测控制系统结构示意图

　　预测模型是开展预测控制方法研究的基础。预测控制是一种基于模型的控制算法，这一模型称为预测模型。预测模型的功能就是能根据对象的历史信息和未来输入预测其未来输出，只要是具有预测功能的信息集合，无论其有什么样的表现形式，如状态方程、传递函数、阶跃响应、脉冲响应等，均可作为预测模型。因此，预测控制打破了传统控制中对模型结构的严格要求，只注重预测模型的功能，而不限制模型的具体形式，可根据功能要求按最方便的途径建立模型。

　　滚动优化是预测控制区别于其他控制方法的明显特征。预测控制是通过某一性能指标的最优来确定未来控制输入的。该性能指标一般需包含对象的未来行为，通常可取为未来一定时域内对象输出跟踪误差的方差最小，也可取为更广泛的形式，如要求控制能量最小且同时保持输出在某一给定范围内等。同时，预测控制中的优化不是采用一个不变的全局优化目标，而是采用滚动式的有限时域优化策略。在每一采样时刻，优化性能指标只涉及从该时刻到未来有限的时域，由预测控制滚动优化确定的未来控制序列也不全都作用于对象，只有控制序列的第一个控制量作用于对象；而到下一采样时刻，优化时域同时向前推移，最优控制量也相应更新。因此，预测控制在每一采样时刻都有一个相对于该时刻的优化性能指标，不同时刻优化性能指标的形式是相同的，但其所包含的时域是不同的。在预测控制中，优化不是一次离线完成的，而是反复在线进行的，这就是滚动优化的含义。虽然这种有限时域的优化在理想情况下只能得到全局的次优解，但优化的滚动实施过程却能估计由模型失配、时变、干扰等引起的不确定性，及时进行弥补，始终把新的优化建立在对象实际状态的基础上，可使控制输入保持实际上的最优。对于高超声速飞行器，模型失配、时变、干扰等不确定性等是不可避免的，因此，滚动优化策略可有效地解决其控制问题。

　　反馈校正是使预测控制对偏差、干扰等不确定因素具有鲁棒性的关键所在，也是保证控制系统稳定的基础。预测控制算法在进行滚动优化时，是以预测模型的输出作为基础和依据的，但由于实际系统中存在参数偏差、模型失配、干扰等因素，预测模型的输出不可能与系统实际状态完全相符，滚动优化的性能将受到较大影响。因此，需要采用附加的预测手段补充模型预测的不足，或对预测模型进行在线修正，即通过反馈校正克服不确定性因素的影响，提高控制系统的整体性能。由此可见，滚动优化只有建立在反馈校正的基础上，才能体现出其优越性。反馈校正的形式是多样的，可以在保证预测模型不变的基础上，对未来的误差做出预测并加以补偿，也可以根据在线辨识的原理直接修改预测模型。无论采取何种校正形式，预测控制都把优化建立在系统实际状态的基础上，并力图在优化时对系统未来的动态行为做出较准确的预测。

2.3.2 微分几何基础

1) 微分流形与向量场

定义 2.14 (同胚映射) 对于拓扑空间 X 到 Y 上的一一映射 $f: X \rightarrow Y$, 若 f 及其逆映射 f^{-1} 均为连续的, 则称 f 为同胚映射。

定义 2.15 (微分同胚映射) 对于 X 到 Y 上的同胚映射 $f: X \rightarrow Y$, 若 f 及其逆映射 f^{-1} 均为光滑的, 则称 f 为微分同胚映射。若在集合 X 与 Y 之间存在一个微分同胚映射, 则称集合 X 与 Y 是微分同胚的。

定义 2.16 (微分流形) 对于可分空间 Ω, 若对于 $\forall p \in \Omega$, 都存在邻域 $U(p) \subseteq \Omega$ 与 n 维欧几里得空间 $\mathbf{R}^n$ 的一个开集 $V \subseteq \mathbf{R}^n$ 微分同胚, 则称 Ω 为 n 维微分流形。

定义 2.17 (切向量) 对于微分流形 X, 对于任意一点 $\forall p \in X$, 若映射 L: $C^\infty(X) \rightarrow \mathbf{R}$ ($C^\infty(X)$ 表示定义在 X 上所有光滑实值函数的集合)满足如下条件:

① 对于 $\forall a, b \in \mathbf{R}$ 和 $\forall f, g \in C^\infty(X)$, $L(af + bg) = aL(f) + bL(g)$;

② 对于 $\forall f, g \in C^\infty(X)$, $[L(fg)](p) = f(p)L(g) + g(p)L(f)$;

则将映射 L 称为微分流形 X 在点 p 处的切向量。微分流形 X 在点 p 处的切向量全体记为 $T_p X$, 称为 p 点的切空间。

定义 2.18 (向量场) 对于 n 维微分流形 X, 其向量场定义为一个映射 f, 这一映射将 X 上的任意一点映射成该点上的一个切向量。即对于 $\forall p \in X$, $f(p) \in T_p X$。若向量场具有关于其自变量的任意阶偏导数, 则称其为光滑向量场。

对于 n 维微分流形 X 上的一组坐标 $(x_1, x_2, \cdots, x_n)$, 对应的光滑向量场 f 可以描述为

$$f(p) = \sum_{i=1}^{n} f_i(p) \frac{\partial}{\partial x_i}, \quad \forall p \in X \tag{2.21}$$

式中, $f_i(p)$ 为定义在流形 X 上的光滑函数, 即 $f_i(p) \in C^\infty(X)$。

2) 李导数

对于定义在 n 维微分流形 X 上的光滑函数 $h: X \rightarrow \mathbf{R}$, 以及光滑向量场 $f: X \rightarrow T_p X$, 定义 h 关于向量场 f 的李导数 $L_f h: X \rightarrow \mathbf{R}$ 为

$$L_f h(p) = \sum_{i=1}^{n} f_i(p) \frac{\partial h(p)}{\partial x_i}, \quad \forall p \in X \tag{2.22}$$

从数学意义上而言, 李导数 $L_f h$ 定义了 h 沿向量场 f 的方向导数。

通常采用梯度和雅可比矩阵计算李导数。对于定义在 n 维微分流形 X 上的光滑函数 $h: X \rightarrow \mathbf{R}$, 当 X 上的一组坐标为 $(x_1, x_2, \cdots, x_n)$ 时, 其梯度 ∇h 定义为

$$\nabla h = \left[\frac{\partial h}{\partial x_1}, \frac{\partial h}{\partial x_2}, \cdots, \frac{\partial h}{\partial x_n} \right] \tag{2.23}$$

类似地，对于 X 上的光滑向量场 $f = [f_1, f_2, \cdots, f_n]$，其雅可比矩阵 ∇f 定义为如下的 $n \times n$ 矩阵：

$$\nabla f = \begin{bmatrix} \dfrac{\partial f_1}{\partial x_1} & \dfrac{\partial f_1}{\partial x_2} & \cdots & \dfrac{\partial f_1}{\partial x_n} \\ \dfrac{\partial f_2}{\partial x_1} & \dfrac{\partial f_2}{\partial x_2} & \cdots & \dfrac{\partial f_2}{\partial x_n} \\ \vdots & \vdots & & \vdots \\ \dfrac{\partial f_n}{\partial x_1} & \dfrac{\partial f_n}{\partial x_2} & \cdots & \dfrac{\partial f_n}{\partial x_n} \end{bmatrix} \tag{2.24}$$

根据式(2.23)和式(2.24)的定义，可得

$$L_f h = \nabla h \cdot f \tag{2.25}$$

3) 相对阶

考虑如下多输入-多输出非线性系统：

$$\begin{cases} \dot{x} = f(x) + g(x)u \\ y = h(x) \end{cases} \tag{2.26}$$

式中，$x \in \mathbf{R}^n$ 为系统的状态向量；$u \in \mathbf{R}^m$ 为系统的控制向量；$y \in \mathbf{R}^m$ 为系统的输出向量；$f(x)$ 和 $g(x)$ 均为光滑向量场。

对于非线性系统(2.26)，若有以下条件成立：

(1) 对于 x_0 的某一邻域 $U(x_0)$ 内的所有 x，均有

$$L_{g_j} L_f^k h_i(x) = 0, \quad 1 \leqslant i \leqslant m; 1 \leqslant j \leqslant m; 0 \leqslant k < r_i - 1$$

(2) 矩阵

$$P(x) = \begin{bmatrix} L_{g_1} L_f^{r_1-1} h_1(x) & \cdots & L_{g_m} L_f^{r_1-1} h_1(x) \\ \vdots & & \vdots \\ L_{g_1} L_f^{r_m-1} h_m(x) & \cdots & L_{g_m} L_f^{r_m-1} h_m(x) \end{bmatrix}$$

在 $x = x_0$ 处非奇异，则称非线性系统(2.26)的相对阶向量为 $[r_1, r_2, \cdots, r_m]$，其相对阶为 $r = \sum\limits_{i=1}^{m} r_i$。

4) 控制阶

若假设连续预测控制系统的未来控制信号 $\hat{u}(t + \tau)$ 满足

(1) 存在 $\tau \in \left[0, T_p \right]$，使得 $\dfrac{\mathrm{d}^r \hat{u}(t+\tau)}{\mathrm{d}t} \neq 0$；

(2) 对任意的 $\tau \in \left[0, T_p \right]$，都有 $\dfrac{\mathrm{d}^k \hat{u}(t+\tau)}{\mathrm{d}t} = 0, k > r$。

则称 r 为预测控制系统的控制阶数。

2.4 本 章 小 结

本章首先介绍了控制系统描述的基本理论知识，包括微分方程、状态控制的描述及微分方程解的存在性和唯一性；然后介绍了控制系统稳定性的相关理论基础，包括系统的运动和平衡点、线性系统的稳定性以及作为稳定性分析工具的 Lyapunov 方法；最后介绍了包括预测控制方法基本原理和相关微分几何基础在内的非线性最优预测控制方法的基本知识，为后续预测控制方法的研究奠定了理论基础。

第 3 章　面向控制的飞行器刚体建模

针对具有强非线性、强耦合、不确定的高超声速飞行器，开展飞行控制系统设计的首要研究工作是建立高超声速飞行器的动力学模型，为控制器的设计提供模型基础。本章的任务主要在于建立高超声速飞行器的动力学模型，为后续研究工作提供完整合理的研究对象，并为高超声速飞行器控制器设计研究指明方向。

3.1　坐　标　系　统

3.1.1　常用坐标系

1) 地面惯性坐标系 $O_0X_AY_AZ_A$

地面惯性坐标系固连于惯性空间。如图 3.1 所示，原点 O_0 为飞行器的发射点，O_0X_A 轴在水平面内指向射击方向，O_0Y_A 轴垂直于发射点水平面指向上方，O_0Z_A 轴与其他两轴构成右手直角坐标系。

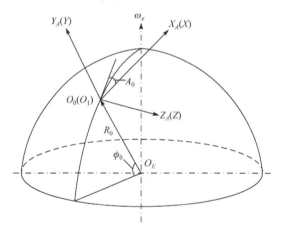

图 3.1　地面惯性坐标系(地面坐标系)

2) 地面坐标系 O_1XYZ

地面坐标系在飞行器发射初始时刻与地面惯性坐标系重合，之后与地球表面固连，随着地球自转而旋转，是一个动坐标系。该坐标系通常用于描述飞行器质心在空间的位置和姿态的参考坐标系。

3) 机体坐标系 $OX_bY_bZ_b$

如图 3.2 所示，飞行器质心 O 为坐标原点，OX_b 轴指向飞行器头部，OY_b 轴位于飞行器纵向对称面内且与 OX_b 轴垂直，指向上方，OZ_b 轴与其他两轴构成右手直角坐标系。

机体系 OX_b 轴方向又称轴向，OY_b 方向又称法向，OZ_b 方向又称侧向。

4) 速度坐标系 $OX_vY_vZ_v$

如图 3.3 所示，飞行器质心 O 为坐标原点，OX_v 轴沿飞行器速度方向，OY_v 轴位于飞行器纵向对称面内且与 OX_v 轴垂直，指向上方为正，OZ_v 轴与其他两轴构成右手直角坐标系。

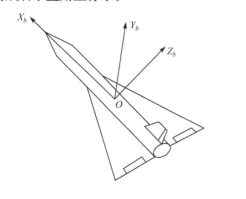

图 3.2　机体坐标系

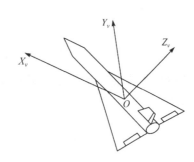

图 3.3　速度坐标系

5) 半速度坐标系 $OX_hY_hZ_h$

如图 3.4 所示，飞行器质心 O 为坐标原点，OX_h 轴沿飞行器速度方向，与速度坐标系的 OX_v 轴重合，OY_h 轴在过 OX_h 轴的铅垂面内且垂直于 OX_h 轴，OZ_h 轴与其他两轴构成右手直角坐标系。半速度坐标系又称弹道坐标系。

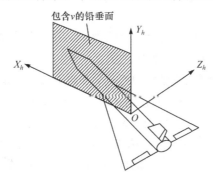

图 3.4　半速度坐标系

3.1.2　坐标系之间的转换关系

1) 地面惯性坐标系与地面坐标系

地面惯性坐标系与地面坐标系之间的不同是地球旋转造成的，如图 3.5 所示。

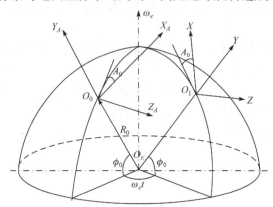

图 3.5　地面惯性坐标系与地面坐标系转换关系图

地球自转角速度记为 ω_e，由发射时刻开始计时，当前时刻为 t，则二者转换关系可写为

$$\begin{bmatrix} x_A \\ y_A \\ z_A \end{bmatrix} = A_G\left(A_0, B_0, \omega_e t\right) \begin{bmatrix} x \\ y \\ z \end{bmatrix} \tag{3.1}$$

$$A_G\left(A_0, B_0, \omega_e t\right) = M_2\left[-A_0\right] M_3\left[-B_0\right] M_1\left[\omega_e t\right] M_3\left[B_0\right] M_2\left[A_0\right] \tag{3.2}$$

2) 地面坐标系与机体坐标系

如图 3.6 所示，机体相对于地面坐标系的姿态用 3 个角度来确定，分别定义如下。

俯仰角 φ：机体纵轴(OX_b 轴)与 OXZ 平面的夹角。若 OX_b 轴在 OXZ 平面上方，则 φ 为正，反之为负。

偏航角 ψ：机体纵轴(OX_b 轴)在 OXZ 平面内的投影与 OX 轴的夹角。若 OX_b 轴在 OX 轴的左方，则 ψ 为正，反之为负。

滚动角 γ：飞行器绕机体纵轴 OX_b 旋转的角度。由机体尾部顺纵轴前视，若 OY_b 轴位于飞行平面 OXY 的右侧，则 γ 为正，反之为负。

地面坐标系至机体坐标系采用 2-3-1 的转序，具体如下：第一次，以角速度 $\dot{\psi}$ 绕地面坐标系的 OY 轴旋转 ψ 角，OX 轴、OZ 轴分别转到 Ox 轴、Oz 轴上，形成坐标系 $OxYz$；第二次，以角速度 $\dot{\varphi}$ 绕 Oz 轴旋转 φ 角，Ox 轴、OY 轴分别转到 OX_b 轴、Oy 轴上，形成新的过渡坐标系 OX_byz；第三次，以角速度 $\dot{\gamma}$ 绕 OX_b 轴旋转 γ 角，Oy 轴、Oz 轴分别转到 OY_b 轴、OZ_b 轴上，与机体坐标系 $OX_bY_bZ_b$ 重合。

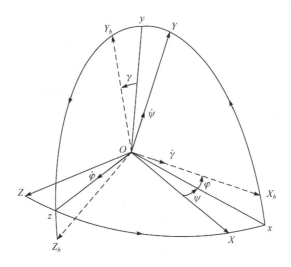

图 3.6　地面坐标系与机体坐标系转换关系图

机体坐标系与地面坐标系之间的关系以矩阵形式表示为

$$\begin{bmatrix} x_b \\ y_b \\ z_b \end{bmatrix} = B_G(\varphi,\psi,\gamma) \begin{bmatrix} x \\ y \\ z \end{bmatrix} \tag{3.3}$$

$$B_G(\varphi,\psi,\gamma) = M_1[\gamma]M_3[\varphi]M_2[\psi]$$
$$= \begin{bmatrix} \cos\varphi\cos\psi & \sin\varphi & -\cos\varphi\sin\psi \\ \sin\psi\sin\gamma - \sin\varphi\cos\psi\cos\gamma & \cos\varphi\cos\gamma & \cos\psi\sin\gamma + \sin\varphi\sin\psi\cos\gamma \\ \sin\psi\cos\gamma + \sin\varphi\cos\psi\sin\gamma & -\cos\varphi\sin\gamma & \cos\psi\cos\gamma - \sin\varphi\sin\psi\sin\gamma \end{bmatrix}$$

$$\tag{3.4}$$

3) 地面坐标系与速度坐标系

如图 3.7 所示，地面坐标系与速度坐标系之间的关系可用三个角度来确定，分别定义如下。

弹道倾角 θ：速度坐标系 OX_v 轴与 OXZ 平面的夹角。若 OX_v 轴在 OXZ 平面的上方，则 θ 为正；反之为负。

航迹偏航角 σ：OX_v 轴在 OXZ 平面的投影与 OX 轴之间的夹角。若 OX_v 轴在 OX 轴的左方，则 σ 为正；反之为负。

倾侧角 γ_v：坐标系绕 OX_v 轴旋转的角度。由机体尾部顺纵轴前视，若 OY_v 轴位于飞行平面 OXY 的右侧，则 γ_v 为正；反之为负。

地面坐标系至速度坐标系采用 2-3-1 的转序，具体如下：第一次，以角速度 $\dot{\sigma}$

绕地面坐标系的 OY 轴旋转 σ 角，OX 轴、OZ 轴分别转到 Ox、Oz 轴上，形成过渡坐标系 $OxYz$；第二次，以角速度 $\dot{\theta}$ 绕 Oz 轴旋转 θ 角，Ox 轴、OY 轴分别转到 OX_v 轴、Oy 轴上，形成新的过渡坐标系 OX_vyz，由速度坐标系与半速度坐标系的转换关系可知，此过渡坐标系 OX_vyz 即为半速度坐标系 $OX_hY_hZ_h$；第三次，以角速度 $\dot{\gamma}_V$ 绕 OX_v 轴旋转 γ_V 角，Oy 轴、Oz 轴分别转到 OY_v 轴、OZ_v 轴上，与速度坐标系 $OX_vY_vZ_v$ 重合。

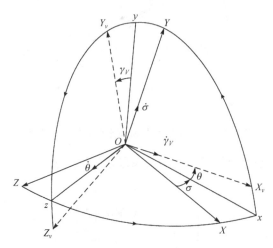

图 3.7 地面坐标系与速度坐标系转换关系图

地面坐标系与速度坐标系之间的关系以矩阵形式表示为

$$\begin{bmatrix} x_v \\ y_v \\ z_v \end{bmatrix} = V_G(\theta, \sigma, \gamma_V) \begin{bmatrix} x \\ y \\ z \end{bmatrix} \tag{3.5}$$

$$V_G(\theta, \sigma, \gamma_V) = M_1[\gamma_V] M_3[\theta] M_2[\sigma]$$

$$= \begin{bmatrix} \cos\theta\cos\sigma & \sin\theta & -\cos\theta\sin\sigma \\ \sin\sigma\sin\gamma_V - \sin\theta\cos\sigma\cos\gamma_V & \cos\theta\cos\gamma_V & \cos\sigma\sin\gamma_V + \sin\theta\sin\sigma\cos\gamma_V \\ \sin\sigma\cos\gamma_V + \sin\theta\cos\sigma\sin\gamma_V & -\cos\theta\sin\gamma_V & \cos\sigma\cos\gamma_V - \sin\theta\sin\sigma\sin\gamma_V \end{bmatrix}$$

$$\tag{3.6}$$

4) 速度坐标系与机体坐标系

如图 3.8 所示，速度坐标系与机体坐标系之间的关系可用两个角度来确定，分别定义如下。

攻角 α(迎角)：速度轴 OX_v 在机体主对称面内的投影(即 Ox' 轴)与 OX_b 的夹角，顺 OX_b 看去，速度轴的投影量在 OX_b 下方为正。

侧滑角 β：速度轴 OX_v 与机体主对称面内的夹角，顺 OX_b 看去，OX_v 在主对称面右方为正。

机体坐标系与速度坐标系之间的关系以矩阵形式表示为

$$\begin{bmatrix} x_b \\ y_b \\ z_b \end{bmatrix} = B_V(\alpha,\beta) \begin{bmatrix} x_v \\ y_v \\ z_v \end{bmatrix} \tag{3.7}$$

$$B_V(\beta,\alpha) = M_3[\alpha]M_2[\beta] = \begin{bmatrix} \cos\alpha\cos\beta & \sin\alpha & -\cos\alpha\sin\beta \\ -\sin\alpha\cos\beta & \cos\alpha & \sin\alpha\sin\beta \\ \sin\beta & 0 & \cos\beta \end{bmatrix} \tag{3.8}$$

5) 速度坐标系与半速度坐标系

速度坐标系与半速度坐标系之间的转换关系如图 3.9 所示，其方向余弦阵为

$$\begin{bmatrix} x_h \\ y_h \\ z_h \end{bmatrix} = H_V \begin{bmatrix} x_v \\ y_v \\ z_v \end{bmatrix} \tag{3.9}$$

$$H_V = M_1[-\gamma_V] = \begin{bmatrix} 1 & 0 & 0 \\ 0 & \cos\gamma_V & -\sin\gamma_V \\ 0 & \sin\gamma_V & \cos\gamma_V \end{bmatrix} \tag{3.10}$$

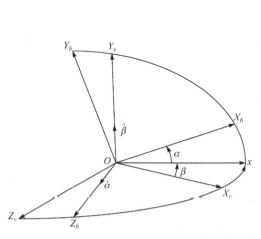

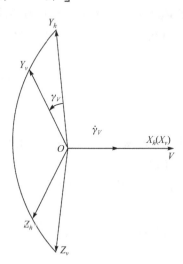

图 3.8　速度坐标系与机体坐标系转换关系图　　图 3.9　速度坐标系与半速度坐标系
转换关系图

3.2　飞行器六自由度运动模型

3.2.1　动力学模型

1. 质心动力学模型

高超声速巡航飞行器主要受到地球引力、空气动力和发动机推力的作用，故其在惯性坐标系中的矢量形式质心动力学方程可写为

$$m\frac{\mathrm{d}^2 r}{\mathrm{d}t^2} = mg + R_1 + T \tag{3.11}$$

式中，r 为飞行器惯性位置矢量；mg 为作用在飞行器上的引力矢量；R_1 为作用在飞行器上的空气动力矢量，包含气动舵控制力；T 为发动机推力矢量。

为了描述方便，在半速度坐标系 $OX_hY_hZ_h$ 中建立质心动力学方程。

质心动力学方程为

$$m\frac{\delta^2 r}{\delta t^2} = mg + R_1 + T - m\omega_e \times (\omega_e \times r) - 2m\omega_e \times \frac{\delta r}{\delta t} \tag{3.12}$$

式中，r 为飞行器在地面坐标系中的位置矢量；$V = \dfrac{\delta r}{\delta t}$ 为地面坐标系中表示的飞行器速度矢量；ω_e 为地球自转角速度矢量，大小为 $7.292115 \times 10^{-5}\mathrm{rad/s}$。

将其在半速度坐标系中投影，根据矢量微分法则有

$$\frac{\mathrm{d}V}{\mathrm{d}t} = \frac{\mathrm{d}}{\mathrm{d}t}\left(v x_h^0\right) = \frac{\mathrm{d}v}{\mathrm{d}t}x_h^0 + v\frac{\mathrm{d}x_h^0}{\mathrm{d}t} \tag{3.13}$$

$$\frac{\mathrm{d}x_h^0}{\mathrm{d}t} = \omega_h \times x_h^0 \tag{3.14}$$

式中，v 为飞行器相对地面的速度大小；ω_h 为半速度坐标系相对于地面坐标系的转动角速度。

由坐标系转换关系可知

$$\omega_h = \dot{\theta} + \dot{\sigma} \tag{3.15}$$

由图 3.7 所示的几何关系可知，ω_h 在半速度坐标系中的投影为

$$\omega_h = \begin{bmatrix} \omega_{hx} \\ \omega_{hy} \\ \omega_{hz} \end{bmatrix} = \begin{bmatrix} \dot{\sigma}\sin\theta \\ \dot{\sigma}\cos\theta \\ \dot{\theta} \end{bmatrix} \tag{3.16}$$

故可得

$$\frac{\mathrm{d}x_h^0}{\mathrm{d}t} = \omega_h \times x_h^0 = \begin{bmatrix} 0 \\ \dot{\theta} \\ -\dot{\sigma}\cos\theta \end{bmatrix} \tag{3.17}$$

将其代入式(3.13)则有

$$\frac{\mathrm{d}v}{\mathrm{d}t} = \frac{\mathrm{d}v}{\mathrm{d}t}x_h^0 + v\frac{\mathrm{d}x_h^0}{\mathrm{d}t} = \begin{bmatrix} \dot{v} \\ v\dot{\theta} \\ -v\dot{\sigma}\cos\theta \end{bmatrix} \tag{3.18}$$

下面推导各力在半速度坐标系中的表达式。

1) 引力

地球引力可沿地心矢径 r 和地轴 ω_e 的方向分解为

$$mg = mg_r'r^0 + mg_{\omega e}\omega_e^0 \tag{3.19}$$

式中

$$\begin{cases} g_r' = -\dfrac{fM}{r_1^2}\left[1 + J\left(\dfrac{a_e}{r_1}\right)^2(1 - 5\sin^2\phi)\right] \\[4mm] g_{\omega e} = -\dfrac{2fM}{r_1^2}J\left(\dfrac{a_e}{r_1}\right)^2\sin\phi \end{cases} \tag{3.20}$$

式中，$fM = \mu$ 称为地球引力系数，$\mu = 3.986005 \times 10^{14}\mathrm{m^3/s^2}$；$a_e = 6378245.0\mathrm{m}$，为地球椭球体长半轴；$J = \dfrac{3}{2}J_2 = 1.62395 \times 10^{-3}$；$r_1$ 为地心距；ϕ 为地心纬度。

飞行器在任意点处的地心矢径 r 可由地面惯性系原点地心矢径 R 和飞行器当前时刻在地面坐标系中的位置矢量 ρ 表示为

$$r = R + \rho \tag{3.21}$$

式中，R 在地面坐标系中可写为

$$R = \begin{bmatrix} R_x \\ R_y \\ R_z \end{bmatrix} = \begin{bmatrix} -R_0\sin\mu_0\cos A_0 \\ R_0\cos\mu_0 \\ R_0\sin\mu_0\sin A_0 \end{bmatrix} \tag{3.22}$$

式中，A_0 为发射方位角；μ_0 为发射点地理纬度与地心纬度之差，即 $\mu_0 - B_0 - \phi_0$。

根据地球为两轴旋转椭球体的假设，发射时刻地心距 R_0 为

$$R_0 = \frac{a_e b_e}{\sqrt{a_e^2\sin^2\phi_0 + b_e^2\cos^2\phi_0}} \tag{3.23}$$

式中，$b_e = 6356859.9\mathrm{m}$，为地球椭球体短半轴。

ρ 在地面坐标系中的三分量分别为 x、y、z，则在地面坐标系中，地心矢径单

位矢量 r^0 可表示为

$$r^0 = \frac{1}{r_1} \begin{bmatrix} x + R_x \\ y + R_y \\ z + R_z \end{bmatrix} \tag{3.24}$$

式中，地心距为 $r_1 = \sqrt{\left(x + R_x\right)^2 + \left(y + R_y\right)^2 + \left(z + R_z\right)^2}$ 。

在地面坐标系中地球自转角速度单位矢量 ω_e^0 可表示为

$$\omega_e^0 = \frac{1}{\omega_e} \begin{bmatrix} \omega_{ex} \\ \omega_{ey} \\ \omega_{ez} \end{bmatrix} = \begin{bmatrix} \cos B_0 \cos A_0 \\ \sin B_0 \\ -\cos B_0 \sin A_0 \end{bmatrix} \tag{3.25}$$

则地球引力在地面坐标系中可表示为

$$mg = m \begin{bmatrix} g_x \\ g_y \\ g_z \end{bmatrix} = m \frac{g_r'}{r_1} \begin{bmatrix} x + R_x \\ y + R_y \\ z + R_z \end{bmatrix} + m \frac{g_{\omega e}}{r_1} \begin{bmatrix} \cos B_0 \cos A_0 \\ \sin B_0 \\ -\cos B_0 \sin A_0 \end{bmatrix} \tag{3.26}$$

进而，地球引力在半速度坐标系中可表示为

$$mg_h = m \begin{bmatrix} g_{hx} \\ g_{hy} \\ g_{hz} \end{bmatrix} = m \frac{g_r'}{r_1} H_G \begin{bmatrix} x + R_x \\ y + R_y \\ z + R_z \end{bmatrix} + m \frac{g_{\omega e}}{r_1} H_G \begin{bmatrix} \cos B_0 \cos A_0 \\ \sin B_0 \\ -\cos B_0 \sin A_0 \end{bmatrix} \tag{3.27}$$

式中，地面坐标系到半速度坐标系的转换矩阵 H_G 可由转换矩阵的传递性计算得到，即

$$H_G = H_V V_G = M_3[\theta] M_2[\sigma] = \begin{bmatrix} \cos\theta\cos\sigma & \sin\theta & -\cos\theta\sin\sigma \\ -\sin\theta\cos\sigma & \cos\theta & \sin\theta\sin\sigma \\ \sin\sigma & 0 & \cos\sigma \end{bmatrix} \tag{3.28}$$

2) 空气动力

空气动力矢量 R_1 沿速度坐标系可分解成阻力 D 、升力 L 和侧力 N ，则在半速度坐标系上的投影为

$$R_h = \begin{bmatrix} R_{hx} \\ R_{hy} \\ R_{hz} \end{bmatrix} = H_V \begin{bmatrix} -D \\ L \\ N \end{bmatrix} = \begin{bmatrix} -D \\ L\cos\gamma_V - N\sin\gamma_V \\ L\sin\gamma_V + N\cos\gamma_V \end{bmatrix} \tag{3.29}$$

式中，阻力 D 、升力 L 和侧力 N 的表达式分别为

$$\begin{cases} D = \dfrac{1}{2}\rho v^2 S_t C_D \\[2mm] L = \dfrac{1}{2}\rho v^2 S_t C_L \\[2mm] N = \dfrac{1}{2}\rho v^2 S_t C_N \end{cases} \tag{3.30}$$

式中，S_t 为飞行器参考面积；$q = \dfrac{1}{2}\rho v^2$ 为动压，ρ 为空气密度，参照标准大气参数进行插值计算；C_D、C_L、C_N 分别为阻力系数、升力系数和侧力系数，均是马赫数 Ma、动压 q、攻角 α、侧滑角 β、燃油当量比 η、俯仰通道舵偏角 δ_φ、偏航通道舵偏角 δ_ψ、滚动通道舵偏角 δ_γ 的函数，即

$$\begin{cases} C_D = f_D\left(Ma, q, \alpha, \beta, \eta, \delta_\varphi, \delta_\psi, \delta_\gamma\right) \\ C_L = f_L\left(Ma, q, \alpha, \beta, \eta, \delta_\varphi, \delta_\psi, \delta_\gamma\right) \\ C_N = f_N\left(Ma, q, \alpha, \beta, \eta, \delta_\varphi, \delta_\psi, \delta_\gamma\right) \end{cases} \tag{3.31}$$

3) 推力

发动机推力为

$$T = \frac{1}{2}\rho v^2 S_t C_T \tag{3.32}$$

式中，C_T 为推力系数，也是关于马赫数 Ma、动压 q、攻角 α、侧滑角 β、燃油当量比 η、俯仰通道舵偏角 δ_φ、偏航通道舵偏角 δ_ψ、滚动通道舵偏角 δ_γ 的函数，记为

$$C_T = f_T\left(Ma, q, \alpha, \beta, \eta, \delta_\varphi, \delta_\psi, \delta_\gamma\right) \tag{3.33}$$

假设发动机推力沿机体坐标系 OX_b 轴方向，则推力在机体坐标系中的分量表达式为

$$T_b = \begin{bmatrix} T & 0 & 0 \end{bmatrix}^{\mathrm{T}} \tag{3.34}$$

进而可得推力在半速度坐标系中的表达式为

$$T_h = H_V V_B \begin{bmatrix} T \\ 0 \\ 0 \end{bmatrix} = \begin{bmatrix} \cos\alpha\cos\beta \\ \sin\alpha\cos\gamma_V + \cos\alpha\sin\beta\sin\gamma_V \\ \sin\alpha\sin\gamma_V - \cos\alpha\sin\beta\cos\gamma_V \end{bmatrix} T \tag{3.35}$$

4) 离心惯性力

离心惯性力记为

$$F_e = -ma_e = -m\omega_e \times \left(\omega_e \times r\right) \tag{3.36}$$

利用关系式

$$\omega_e \times r = \omega_e \left(\omega_e^0 \times r \right) = \omega_e \begin{bmatrix} 0 & -\omega_{ez}^0 & \omega_{ey}^0 \\ \omega_{ez}^0 & 0 & -\omega_{ex}^0 \\ -\omega_{ey}^0 & \omega_{ex}^0 & 0 \end{bmatrix} r \tag{3.37}$$

则有

$$a_e = \begin{bmatrix} a_{ex} \\ a_{ey} \\ a_{ez} \end{bmatrix} = \omega_e^2 \begin{bmatrix} 0 & -\omega_{ez}^0 & \omega_{ey}^0 \\ \omega_{ez}^0 & 0 & -\omega_{ex}^0 \\ -\omega_{ey}^0 & \omega_{ex}^0 & 0 \end{bmatrix}^2 \begin{bmatrix} x + R_x \\ y + R_y \\ z + R_z \end{bmatrix} \tag{3.38}$$

由式(3.24)和式(3.25)，式(3.38)可进一步写为

$$a_e = \begin{bmatrix} a_{ex} \\ a_{ey} \\ a_{ez} \end{bmatrix} = \begin{bmatrix} a_{11} & a_{12} & a_{13} \\ a_{21} & a_{22} & a_{23} \\ a_{31} & a_{32} & a_{33} \end{bmatrix} \begin{bmatrix} x + R_x \\ y + R_y \\ z + R_z \end{bmatrix} \tag{3.39}$$

式中

$$\begin{cases} a_{11} = -\omega_e^2 \left(\sin^2 B_0 + \cos^2 B_0 \sin^2 A_0 \right) \\ a_{12} = a_{21} = \omega_e^2 \sin B_0 \cos B_0 \cos A_0 \\ a_{13} = a_{31} = -\omega_e^2 \cos^2 B_0 \sin A_0 \cos A_0 \\ a_{22} = -\omega_e^2 \cos^2 B_0 \\ a_{23} = a_{32} = -\omega_e^2 \sin B_0 \cos B_0 \sin A_0 \\ a_{33} = -\omega_e^2 \left(\sin^2 B_0 + \cos^2 B_0 \cos^2 A_0 \right) \end{cases} \tag{3.40}$$

则离心惯性力在地面坐标系中可表示为

$$F_e = \begin{bmatrix} F_{ex} \\ F_{ey} \\ F_{ez} \end{bmatrix} = -m \begin{bmatrix} a_{ex} \\ a_{ey} \\ a_{ez} \end{bmatrix} = -m \begin{bmatrix} a_{11} & a_{12} & a_{13} \\ a_{21} & a_{22} & a_{23} \\ a_{31} & a_{32} & a_{33} \end{bmatrix} \begin{bmatrix} x + R_x \\ y + R_y \\ z + R_z \end{bmatrix} \tag{3.41}$$

进而，离心惯性力在半速度坐标系中的表达式为

$$F_{eh} = \begin{bmatrix} F_{ehx} \\ F_{ehy} \\ F_{ehz} \end{bmatrix} = -m H_G \begin{bmatrix} a_{11} & a_{12} & a_{13} \\ a_{21} & a_{22} & a_{23} \\ a_{31} & a_{32} & a_{33} \end{bmatrix} \begin{bmatrix} x + R_x \\ y + R_y \\ z + R_z \end{bmatrix} \tag{3.42}$$

5) 哥氏惯性力

哥氏惯性力记为

$$F_k = -m a_k = -2 \omega_e \times V \tag{3.43}$$

地球自转角速度 ω_e 在半速度坐标系中的投影为

$$\omega_{eh} = \begin{bmatrix} \omega_{ehx} \\ \omega_{ehy} \\ \omega_{ehz} \end{bmatrix} = \omega_e H_G \begin{bmatrix} \cos B_0 \cos A_0 \\ \sin B_0 \\ -\cos B_0 \sin A_0 \end{bmatrix} \tag{3.44}$$

则

$$F_{kh} = \begin{bmatrix} F_{khx} \\ F_{khy} \\ F_{khz} \end{bmatrix} = -2m\omega_{eh} \times V = -2m \begin{bmatrix} 0 & -\omega_{ehz} & \omega_{ehy} \\ \omega_{ehz} & 0 & -\omega_{ehx} \\ -\omega_{ehy} & \omega_{ehx} & 0 \end{bmatrix} \begin{bmatrix} v \\ 0 \\ 0 \end{bmatrix} \tag{3.45}$$

对式(3.45)进行展开，得

$$\begin{aligned}
\begin{bmatrix} F_{khx} \\ F_{khy} \\ F_{khz} \end{bmatrix} &= 2mv \begin{bmatrix} 0 \\ -\omega_{ehz} \\ \omega_{ehy} \end{bmatrix} \\
&= 2mv\omega_e \begin{bmatrix} 0 \\ \cos B_0 \left(\sin A_0 \cos \sigma - \cos A_0 \sin \sigma \right) \\ \sin B_0 \cos \theta - \cos B_0 \sin \theta \left(\cos A_0 \cos \sigma + \sin A_0 \sin \sigma \right) \end{bmatrix}
\end{aligned} \tag{3.46}$$

综上所述，最终可得在半速度坐标系内描述的质心动力学方程为

$$\begin{aligned}
m \begin{bmatrix} \dot{v} \\ v\dot{\theta} \\ -v\dot{\sigma}\cos\theta \end{bmatrix} &= m\frac{g'_r}{r} H_G \begin{bmatrix} x + R_x \\ y + R_y \\ z + R_z \end{bmatrix} + m\frac{g_{\omega e}}{r} H_G \begin{bmatrix} \cos B_0 \cos A_0 \\ \sin B_0 \\ -\cos B_0 \sin A_0 \end{bmatrix} \\
&\quad + \begin{bmatrix} -D \\ L\cos\gamma_V - N\sin\gamma_V \\ L\sin\gamma_V + N\cos\gamma_V \end{bmatrix} + \begin{bmatrix} \cos\alpha\cos\beta \\ \sin\alpha\cos\gamma_V + \cos\alpha\sin\beta\sin\gamma_V \\ \sin\alpha\sin\gamma_V - \cos\alpha\sin\beta\cos\gamma_V \end{bmatrix} T \\
&\quad - mH_G \begin{bmatrix} a_{11} & a_{12} & a_{13} \\ a_{21} & a_{22} & a_{23} \\ a_{31} & a_{32} & a_{33} \end{bmatrix} \begin{bmatrix} x + R_x \\ y + R_y \\ z + R_z \end{bmatrix} \\
&\quad + 2mv\omega_e \begin{bmatrix} 0 \\ \cos B_0 \left(\sin A_0 \cos \sigma - \cos A_0 \sin \sigma \right) \\ \sin B_0 \cos \theta - \cos B_0 \sin \theta \left(\cos A_0 \cos \sigma + \sin A_0 \sin \sigma \right) \end{bmatrix}
\end{aligned}$$

$$\tag{3.47}$$

进一步可简写为

$$\begin{cases} \dot{v} = \dfrac{1}{m}\left(mg_{hx} + T_{hx} + R_{hx} + F_{ehx} + F_{khx}\right) \\[2mm] \dot{\theta} = \dfrac{1}{mv}\left(mg_{hy} + T_{hy} + R_{hy} + F_{ehy} + F_{khy}\right) \\[2mm] \dot{\sigma} = \dfrac{-1}{mv\cos\theta}\left(mg_{hz} + T_{hz} + R_{hz} + F_{ehz} + F_{khz}\right) \end{cases} \tag{3.48}$$

2. 绕质心动力学模型

高超声速巡航飞行器的矢量形式绕质心动力学方程可写为

$$J \cdot \frac{\mathrm{d}\omega_T}{\mathrm{d}t} + \omega_T \times (J \cdot \omega_T) = M + M_k' \tag{3.49}$$

式中，J 为飞行器的转动惯量；ω_T 为飞行器相对于惯性系的转动角速度；M 为作用在飞行器上的气动力矩；M_k' 为附加哥氏力矩。

在机体坐标系中建立绕质心动力学方程较为方便。下面将矢量形式的绕质心动力学方程中的各项投影到机体坐标系中。

由于高超声速巡航飞行器外形是面对称的，对称面为 $X_b O Y_b$，故其惯量积 $J_{xz} = J_{yz} = 0$，惯性张量矩阵为

$$J = \begin{bmatrix} J_x & -J_{xy} & 0 \\ -J_{xy} & J_y & 0 \\ 0 & 0 & J_z \end{bmatrix} \tag{3.50}$$

则绕质心动力学方程左侧表达式在机体坐标系中的分量形式为

$$J \cdot \frac{\mathrm{d}\omega_T}{\mathrm{d}t} + \omega_T \times (J \cdot \omega_T)$$
$$= \begin{bmatrix} J_x & -J_{xy} & 0 \\ -J_{xy} & J_y & 0 \\ 0 & 0 & J_z \end{bmatrix}\begin{bmatrix} \dot{\omega}_{Txb} \\ \dot{\omega}_{Tyb} \\ \dot{\omega}_{Tzb} \end{bmatrix} + \begin{bmatrix} 0 & -\omega_{Tzb} & \omega_{Tyb} \\ \omega_{Tzb} & 0 & -\omega_{Txb} \\ -\omega_{Tyb} & \omega_{Txb} & 0 \end{bmatrix}\begin{bmatrix} J_x & -J_{xy} & 0 \\ -J_{xy} & J_y & 0 \\ 0 & 0 & J_z \end{bmatrix}\begin{bmatrix} \omega_{Txb} \\ \omega_{Tyb} \\ \omega_{Tzb} \end{bmatrix}$$
$$\tag{3.51}$$

飞行器相对于地面坐标系的转动角速度 ω、飞行器相对于惯性系的转动角速度 ω_T、地球自转角速度 ω_e 之间满足下列关系：

$$\omega = \omega_T - \omega_e \tag{3.52}$$

此式在机体坐标系的分量表达式为

$$\begin{bmatrix} \omega_{xb} \\ \omega_{yb} \\ \omega_{zb} \end{bmatrix} = \begin{bmatrix} \omega_{Txb} \\ \omega_{Tyb} \\ \omega_{Tzb} \end{bmatrix} - B_G \begin{bmatrix} \omega_{ex} \\ \omega_{ey} \\ \omega_{ez} \end{bmatrix} \tag{3.53}$$

1) 气动力矩

气动力矩 M 沿机体坐标系可分解成滚动力矩 M_{xb}、偏航力矩 M_{yb} 和俯仰力矩 M_{zb}，则其在机体坐标系上的分量形式为

$$M_b = \begin{bmatrix} M_{xb} \\ M_{yb} \\ M_{zb} \end{bmatrix} = \begin{bmatrix} m_x q S_t l_t \\ m_y q S_t l_t \\ m_z q S_t l_t \end{bmatrix} \tag{3.54}$$

式中，l_t 为飞行器参考长度；m_x 为滚动力矩系数；m_y 为偏航力矩系数；m_z 为俯仰力矩系数。m_x、m_y、m_z 均是马赫数 Ma、动压 q、攻角 α、侧滑角 β、燃油当量比 η、俯仰通道舵偏角 δ_φ、偏航通道舵偏角 δ_ψ、滚动通道舵偏角 δ_γ 的函数，即

$$\begin{cases} m_x = f_x \left(Ma, q, \alpha, \beta, \eta, \delta_\varphi, \delta_\psi, \delta_\gamma \right) \\ m_y = f_y \left(Ma, q, \alpha, \beta, \eta, \delta_\varphi, \delta_\psi, \delta_\gamma \right) \\ m_z = f_z \left(Ma, q, \alpha, \beta, \eta, \delta_\varphi, \delta_\psi, \delta_\gamma \right) \end{cases} \tag{3.55}$$

2) 附加哥氏力矩

附加哥氏力矩的矢量表达式为

$$M_k' = -\frac{\delta J}{\delta t} \cdot \omega_T \tag{3.56}$$

故附加哥氏力矩在机体坐标系中的表达式为

$$M_{kb}' = -\begin{bmatrix} \dot{J}_x \omega_{Txb} - \dot{J}_{xy} \omega_{Tyb} \\ \dot{J}_y \omega_{Tyb} - \dot{J}_{xy} \omega_{Txb} \\ \dot{J}_z \omega_{Tzb} \end{bmatrix} = -\begin{bmatrix} \left(\dot{J}_x - \dot{J}_{xy} \right) \omega_{Tyb} \\ \left(\dot{J}_y - \dot{J}_{xy} \right) \omega_{Txb} \\ \dot{J}_z \omega_{Tzb} \end{bmatrix} \tag{3.57}$$

综上所述，机体坐标系中描述的飞行器绕质心动力学方程为

$$\begin{bmatrix} J_x & -J_{xy} & 0 \\ -J_{xy} & J_y & 0 \\ 0 & 0 & J_z \end{bmatrix} \begin{bmatrix} \dot{\omega}_{Txb} \\ \dot{\omega}_{Tyb} \\ \dot{\omega}_{Tzb} \end{bmatrix} + \begin{bmatrix} 0 & -\omega_{Tzb} & \omega_{Tyb} \\ \omega_{Tzb} & 0 & -\omega_{Txb} \\ -\omega_{Tyb} & \omega_{Txb} & 0 \end{bmatrix} \begin{bmatrix} J_x & -J_{xy} & 0 \\ -J_{xy} & J_y & 0 \\ 0 & 0 & J_z \end{bmatrix} \begin{bmatrix} \omega_{Txb} \\ \omega_{Tyb} \\ \omega_{Tzb} \end{bmatrix}$$
$$= \begin{bmatrix} M_{xb} \\ M_{yb} \\ M_{zb} \end{bmatrix} - \begin{bmatrix} \left(\dot{J}_x - \dot{J}_{xy} \right) \omega_{Tyb} \\ \left(\dot{J}_y - \dot{J}_{xy} \right) \omega_{Txb} \\ \dot{J}_z \omega_{Tzb} \end{bmatrix} \tag{3.58}$$

3.2.2 运动学模型

地面坐标系中描述的飞行器质心运动学方程为

$$
\begin{bmatrix} \dot{x} \\ \dot{y} \\ \dot{z} \end{bmatrix} = G_H \begin{bmatrix} v \\ 0 \\ 0 \end{bmatrix} = H_G^{\mathrm{T}} \begin{bmatrix} v \\ 0 \\ 0 \end{bmatrix} = \begin{bmatrix} v\cos\theta\cos\sigma \\ v\sin\theta \\ -v\cos\theta\sin\sigma \end{bmatrix} \tag{3.59}
$$

飞行器相对于地面坐标系的转动角速度可以表示为

$$
\omega = \dot{\varphi} + \dot{\psi} + \dot{\gamma} \tag{3.60}
$$

式中，$\dot{\varphi}$ 为俯仰角变化率；$\dot{\psi}$ 为偏航角变化率；$\dot{\gamma}$ 为滚动角变化率。

根据图 3.6 所示的几何关系，存在如下关系式：

$$
\begin{bmatrix} \omega_{xb} \\ \omega_{yb} \\ \omega_{zb} \end{bmatrix} = M_1[\gamma] \begin{bmatrix} 0 \\ 0 \\ \dot{\varphi} \end{bmatrix} + M_1[\gamma] M_3[\varphi] \begin{bmatrix} 0 \\ \dot{\psi} \\ 0 \end{bmatrix} + \begin{bmatrix} \dot{\gamma} \\ 0 \\ 0 \end{bmatrix} = \begin{bmatrix} 0 & \sin\varphi & 1 \\ \sin\gamma & \cos\varphi\cos\gamma & 0 \\ \cos\gamma & -\cos\varphi\sin\gamma & 0 \end{bmatrix} \begin{bmatrix} \dot{\varphi} \\ \dot{\psi} \\ \dot{\gamma} \end{bmatrix} \tag{3.61}
$$

则机体坐标系中描述的飞行器绕质心运动学方程为

$$
\begin{bmatrix} \dot{\varphi} \\ \dot{\psi} \\ \dot{\gamma} \end{bmatrix} = \begin{bmatrix} \omega_{yb}\sin\gamma + \omega_{zb}\cos\gamma \\ \dfrac{1}{\cos\varphi}\left(\omega_{yb}\cos\gamma - \omega_{zb}\sin\gamma\right) \\ \omega_{xb} - \tan\varphi\left(\omega_{yb}\cos\gamma - \omega_{zb}\sin\gamma\right) \end{bmatrix} \tag{3.62}
$$

3.2.3 六自由度模型

飞行器控制系统设计时，一般采用跟踪攻角、侧滑角、倾侧角指令，因此下面推导攻角、侧滑角、倾侧角的微分形式。

由坐标系之间的转化关系可知，飞行器机体坐标系相对于速度坐标系的转动角速度在机体坐标系中的分量形式为

$$
\begin{bmatrix} \omega_{xbv} \\ \omega_{ybv} \\ \omega_{zbv} \end{bmatrix}_b = \begin{bmatrix} \dot{\beta}\sin\alpha \\ \dot{\beta}\cos\alpha \\ \dot{\alpha} \end{bmatrix} \tag{3.63}
$$

同理可知，半速度坐标系相对于地面坐标系的转动角速度在半速度坐标系中的分量形式为

$$
\begin{bmatrix} \omega_{xhg} \\ \omega_{yhg} \\ \omega_{zhg} \end{bmatrix}_h = \begin{bmatrix} \dot{\sigma}\sin\theta \\ \dot{\sigma}\cos\theta \\ \dot{\theta} \end{bmatrix} \tag{3.64}
$$

则速度坐标系相对于地面坐标系的转动角速度在速度坐标系中的分量形式为

$$
\begin{bmatrix} \omega_{xvg} \\ \omega_{yvg} \\ \omega_{zvg} \end{bmatrix}_v = V_H \begin{bmatrix} \dot{\sigma}\sin\theta \\ \dot{\sigma}\cos\theta \\ \dot{\theta} \end{bmatrix} + \begin{bmatrix} \dot{\gamma}_V \\ 0 \\ 0 \end{bmatrix} \tag{3.65}
$$

进而可得飞行器机体坐标系相对于地面坐标系的转动角速度在机体坐标系中的分量形式为

$$
\begin{bmatrix} \omega_{xb} \\ \omega_{yb} \\ \omega_{zb} \end{bmatrix}_b = B_V \begin{bmatrix} \omega_{xvg} \\ \omega_{yvg} \\ \omega_{zvg} \end{bmatrix}_v + \begin{bmatrix} \omega_{xbv} \\ \omega_{ybv} \\ \omega_{zbv} \end{bmatrix}_b \tag{3.66}
$$

将式(3.63)和式(3.65)代入式(3.66)得

$$
\begin{bmatrix} \omega_{xb} \\ \omega_{yb} \\ \omega_{zb} \end{bmatrix}_b = B_H \begin{bmatrix} \dot{\sigma}\sin\theta \\ \dot{\sigma}\cos\theta \\ \dot{\theta} \end{bmatrix} + B_V \begin{bmatrix} \dot{\gamma}_V \\ 0 \\ 0 \end{bmatrix} + \begin{bmatrix} \dot{\beta}\sin\alpha \\ \dot{\beta}\cos\alpha \\ \dot{\alpha} \end{bmatrix} \tag{3.67}
$$

式中，$B_H = B_v V_H$。

式(3.67)可进一步整理为

$$
\begin{bmatrix} \omega_{xb} \\ \omega_{yb} \\ \omega_{zb} \end{bmatrix}_b = B_H \begin{bmatrix} \dot{\sigma}\sin\theta \\ \dot{\sigma}\cos\theta \\ \dot{\theta} \end{bmatrix} + \begin{bmatrix} 0 & \sin\alpha & \cos\alpha\cos\beta \\ 0 & \cos\alpha & -\sin\alpha\cos\beta \\ 1 & 0 & \sin\beta \end{bmatrix} \begin{bmatrix} \dot{\alpha} \\ \dot{\beta} \\ \dot{\gamma}_V \end{bmatrix} \tag{3.68}
$$

则可得到攻角、侧滑角、倾侧角的微分方程为

$$
\begin{bmatrix} \dot{\alpha} \\ \dot{\beta} \\ \dot{\gamma}_V \end{bmatrix} = \frac{1}{-\cos\beta} \begin{bmatrix} \cos\alpha\sin\beta & -\sin\alpha\sin\beta & -\cos\beta \\ -\sin\alpha\cos\beta & -\cos\alpha\cos\beta & 0 \\ \cos\alpha & \sin\alpha & 0 \end{bmatrix} \left(\begin{bmatrix} \omega_{xb} \\ \omega_{yb} \\ \omega_{zb} \end{bmatrix} - B_H \begin{bmatrix} \dot{\sigma}\sin\theta \\ \dot{\sigma}\cos\theta \\ \dot{\theta} \end{bmatrix} \right) \tag{3.69}
$$

由于

$$
\begin{bmatrix} \cos\alpha\sin\beta & -\sin\alpha\sin\beta & -\cos\beta \\ -\sin\alpha\cos\beta & -\cos\alpha\cos\beta & 0 \\ -\cos\alpha & \sin\alpha & 0 \end{bmatrix} = \begin{bmatrix} \sin\beta & 0 & -\cos\beta \\ 0 & -\cos\beta & 0 \\ -1 & 0 & 0 \end{bmatrix} M_3[-\alpha] \tag{3.70}
$$

且 $B_H = B_V V_H = M_3[\alpha] M_2[\beta] M_1[\gamma_V]$，进一步整理可得

$$
\begin{cases}
\dot{\alpha} = \omega_{zb} - \omega_{xb}\cos\alpha\tan\beta + \omega_{yb}\sin\alpha\tan\beta - \sec\beta\left(\dot{\theta}\cos\gamma_V - \dot{\sigma}\cos\theta\sin\gamma_V\right) \\
\dot{\beta} = \omega_{xb}\sin\alpha + \omega_{yb}\cos\alpha - \dot{\theta}\sin\gamma_V - \dot{\sigma}\cos\theta\cos\gamma_V \\
\dot{\gamma}_V = \left(\omega_{xb}\cos\alpha - \omega_{yb}\sin\alpha\right)\sec\beta + \dot{\theta}\tan\beta\cos\gamma_V - \dot{\sigma}\left(\sin\theta + \tan\beta\cos\theta\sin\gamma_V\right)
\end{cases}
\tag{3.71}
$$

将式(3.48)代入式(3.71)，可得到高超声速巡航飞行器的一般运动方程组为

$$
\begin{cases}
\dot{v} = \dfrac{1}{m}\left(mg_{hx} + T_{hx} + R_{hx} + F_{ehx} + F_{khx}\right) \\[2mm]
\dot{\theta} = \dfrac{1}{mv}\left(mg_{hy} + T_{hy} + R_{hy} + F_{ehy} + F_{khy}\right) \\[2mm]
\dot{\sigma} = \dfrac{-1}{mv\cos\theta}\left(mg_{hz} + T_{hz} + R_{hz} + F_{ehz} + F_{khz}\right) \\[2mm]
\dot{x} = v\cos\theta\cos\sigma \\[1mm]
\dot{y} = v\sin\theta \\[1mm]
\dot{z} = -v\cos\theta\sin\sigma
\end{cases}
\tag{3.72}
$$

$$
\begin{cases}
\dot{\alpha} = \omega_{zb} - \omega_{xb}\cos\alpha\tan\beta + \omega_{yb}\sin\alpha\tan\beta - \sec\beta\left(\dot{\theta}\cos\gamma_V - \dot{\sigma}\cos\theta\sin\gamma_V\right) \\
\dot{\beta} = \omega_{xb}\sin\alpha + \omega_{yb}\cos\alpha - \dot{\theta}\sin\gamma_V - \dot{\sigma}\cos\theta\cos\gamma_V \\
\dot{\gamma}_V = \left(\omega_{xb}\cos\alpha - \omega_{yb}\sin\alpha\right)\sec\beta + \dot{\theta}\tan\beta\cos\gamma_V - \dot{\sigma}\left(\sin\theta + \tan\beta\cos\theta\sin\gamma_V\right)
\end{cases}
$$

$$
\begin{bmatrix} J_x\dot{\omega}_{Txb} \\ J_y\dot{\omega}_{Tyb} \\ J_z\dot{\omega}_{Tzb} \end{bmatrix}
+
\begin{bmatrix} \left(J_z - J_y\right)\omega_{Tzb}\omega_{Tyb} \\ \left(J_x - J_z\right)\omega_{Txb}\omega_{Tzb} \\ \left(J_y - J_x\right)\omega_{Tyb}\omega_{Txb} \end{bmatrix}
+
\begin{bmatrix} J_{xy}\left(\omega_{Txb}\omega_{Tzb} - \dot{\omega}_{Tyb}\right) \\ -J_{xy}\left(\omega_{Tyb}\omega_{Tzb} + \dot{\omega}_{Txb}\right) \\ -J_{xy}\left(\omega_{Txb}^2 - \omega_{Tyb}^2\right) \end{bmatrix}
=
\begin{bmatrix} M_{xb} \\ M_{yb} \\ M_{zb} \end{bmatrix}
-
\begin{bmatrix} \left(\dot{J}_x - \dot{J}_{xy}\right)\omega_{Tyb} \\ \left(\dot{J}_y - \dot{J}_{xy}\right)\omega_{Txb} \\ \dot{J}_z\omega_{Tzb} \end{bmatrix}
\tag{3.73}
$$

另外，还包括如下一些关系方程：

$$
\begin{cases}
\begin{bmatrix} \omega_{xb} \\ \omega_{yb} \\ \omega_{zb} \end{bmatrix} = \begin{bmatrix} \omega_{Txb} \\ \omega_{Tyb} \\ \omega_{Tzb} \end{bmatrix} - B_G \begin{bmatrix} \omega_{ex} \\ \omega_{ey} \\ \omega_{ez} \end{bmatrix} \\[6mm]
\sin\theta = \cos\alpha\cos\beta\sin\varphi - \sin\alpha\cos\beta\cos\varphi\cos\gamma - \sin\beta\cos\varphi\sin\gamma \\[1mm]
\cos\theta\cos\gamma_V = \sin\alpha\sin\varphi + \cos\alpha\cos\varphi\cos\gamma \\[1mm]
\cos\theta\cos\sigma = \cos\alpha\cos\beta\cos\varphi\cos\psi - \sin\alpha\cos\beta\left(\sin\psi\sin\gamma - \sin\varphi\cos\psi\cos\gamma\right) \\
\qquad\qquad\quad + \sin\beta\left(\sin\psi\cos\gamma + \sin\varphi\cos\psi\sin\gamma\right)
\end{cases}
\tag{3.74a}
$$

$$\begin{cases} r = \sqrt{\left(x+R_x\right)^2 + \left(y+R_y\right)^2 + \left(z+R_z\right)^2} \\[2mm] \sin\phi = \dfrac{\left(x+R_x\right)\omega_{ex}^0 + \left(y+R_y\right)\omega_{ey}^0 + \left(z+R_z\right)\omega_{ez}^0}{r} \\[2mm] R = \dfrac{a_e b_e}{\sqrt{a_e^2 \sin^2\phi + b_e^2 \cos^2\phi}} \\[2mm] J_i = \dfrac{J_{i0}}{m_0}m, \quad i = x,y,z,xy \\[2mm] \dot{J}_i = \dfrac{J_{i0}}{m_0}\dot{m}, \quad i = x,y,z,xy \\[2mm] h = r - R \\[1mm] m = m_0 - \dot{m}t \end{cases} \tag{3.74b}$$

式(3.72)、式(3.73)和式(3.74)共有 31 个方程，包含 35 个未知量，分别为

v、h、x、y、z、θ、σ、r、R、m；

α、β、γ_V、φ、ψ、γ、ω_{Txb}、ω_{Tyb}、ω_{Tzb}、ω_{xb}、ω_{yb}、ω_{zb}；

δ_φ、δ_ψ、δ_γ、ϕ、T；

J_x、J_y、J_z、J_{xy}、$\dot{J}_x$、$\dot{J}_y$、$\dot{J}_z$、$\dot{J}_{xy}$。

其中三通道舵偏角 δ_φ、δ_ψ、δ_γ 和推力 T 需由控制系统提供。

3.3　面向控制的飞行器刚体模型

3.2.3 节中给出的飞行器六自由度模型十分复杂，与实际情况较为接近，可作为仿真模型。为了便于进行控制系统设计，需将上述方程按一定原则进行适当简化，做到既能反映飞行器的动力学本质，又能使分析问题得到简化。

根据高超声速巡航飞行器自身及其飞行环境的特点，提出下述假设条件：

(1) 认为地球是局部平坦的，引力加速度 g 沿矢径 r 的反方向，且服从平方反比定律，即 $g'_r = -\dfrac{fM}{r^2}$，$g_{\omega e} = 0$。

(2) 忽略地球旋转的影响，认为 $\omega_e = 0$。此时，发射惯性坐标系与地面坐标系始终重合，不需考虑离心惯性力和哥氏惯性力的作用。

(3) 惯量积 J_{xy} 为小量，J_{xy} 和 $\dot{J}_{xy}$ 均忽略不计。

(4) 忽略由质量变化引起的附加哥氏力矩。

基于上述假设，式(3.72)、式(3.73)和式(3.74)描述的飞行器一般运动方程组变为

$$
\begin{cases}
\dot{v}=-g\sin\theta-\dfrac{D}{m}+\dfrac{T}{m}\cos\alpha\cos\beta \\[2mm]
\dot{\theta}=\dfrac{1}{mv}\Big[-mg\cos\theta+\big(\sin\alpha\cos\gamma_V+\cos\alpha\sin\beta\sin\gamma_V\big)T\Big] \\[2mm]
\qquad+\dfrac{1}{mv}\big(L\cos\gamma_V-N\sin\gamma_V\big) \\[2mm]
\dot{\sigma}=\dfrac{-1}{mv\cos\theta}\big(L\sin\gamma_V+N\cos\gamma_V\big) \\[2mm]
\qquad-\dfrac{T}{mv\cos\theta}\big(\sin\alpha\sin\gamma_V-\cos\alpha\sin\beta\cos\gamma_V\big) \\[2mm]
\dot{h}=v\sin\theta \\[2mm]
\dot{x}=v\cos\theta\cos\sigma \\[2mm]
\dot{z}=-v\cos\theta\sin\sigma
\end{cases}
\tag{3.75}
$$

$$
\begin{cases}
\dot{\alpha}=\omega_{zb}-\omega_{xb}\cos\alpha\tan\beta+\omega_{yb}\sin\alpha\tan\beta \\[2mm]
\qquad-\dfrac{1}{mv\cos\beta}\big(-mg\cos\theta\cos\gamma_V+L+T\sin\alpha\big) \\[2mm]
\dot{\beta}=\omega_{xb}\sin\alpha+\omega_{yb}\cos\alpha+\dfrac{1}{mv}\big(mg\cos\theta\sin\gamma_V+N-T\cos\alpha\sin\beta\big) \\[2mm]
\dot{\gamma}_V=\big(\omega_{xb}\cos\alpha-\omega_{yb}\sin\alpha\big)\sec\beta-\dfrac{g}{v}\cos\theta\tan\beta\cos\gamma_V \\[2mm]
\qquad+\dfrac{1}{mv}\Big[L\big(\tan\theta\sin\gamma_V+\tan\beta\big)+N\tan\theta\cos\gamma_V\Big] \\[2mm]
\qquad+\dfrac{T}{mv}\Big[\sin\alpha\sin\beta+\big(\sin\alpha\sin\gamma_V-\cos\alpha\sin\beta\cos\gamma_V\big)\tan\theta\Big]
\end{cases}
\tag{3.76}
$$

$$
\begin{cases}
J_x\dot{\omega}_{xb}+(J_z-J_y)\omega_{zb}\omega_{yb}=M_{xb} \\[2mm]
J_y\dot{\omega}_{yb}+(J_x-J_z)\omega_{xb}\omega_{zb}=M_{yb} \\[2mm]
J_z\dot{\omega}_{zb}+(J_y-J_x)\omega_{yb}\omega_{xb}=M_{zb}
\end{cases}
\tag{3.77}
$$

$$
\begin{cases}
\sin\theta=\cos\alpha\cos\beta\sin\varphi-\sin\alpha\cos\beta\cos\varphi\cos\gamma-\sin\beta\cos\varphi\sin\gamma \\[2mm]
\cos\theta\cos\gamma_V=\sin\alpha\sin\varphi+\cos\alpha\cos\varphi\cos\gamma \\[2mm]
\cos\theta\cos\sigma=\cos\alpha\cos\beta\cos\varphi\cos\psi+\sin\beta\sin\psi\cos\psi\sin\gamma \\[2mm]
\qquad-\sin\alpha\cos\beta\big(\sin\psi\sin\gamma-\sin\varphi\cos\psi\cos\gamma\big) \\[2mm]
\qquad+\sin\beta\sin\psi\cos\gamma \\[2mm]
r=y+R_e \\[2mm]
m=m_0-\dot{m}\cdot t \\[2mm]
J_i=\dfrac{J_{i0}}{m_0}m \\[2mm]
\dot{J}_i=\dfrac{J_{i0}}{m_0}\dot{m},\quad i=x,y,z,xy
\end{cases}
\tag{3.78}
$$

式中，$R_e = 6371110\mathrm{m}$ 为假定地球为球形引力场时的地球平均半径；$g = \dfrac{fM}{r^2}$ 为重力加速度。

为了书写方便，在不引起歧义的情况下将姿态角速度和气动力矩下标中的"b"省略，后面将其简写为 ω_x、ω_y、ω_z、M_x、M_y、M_z。

3.4　本 章 小 结

本章主要建立了高超声速飞行器的六自由度动力学模型，并结合高超声速飞行器的运动特性建立了面向控制的高超声速飞行器刚体模型。首先定义了常用的坐标系及其相互间的转换关系；然后建立了高超声速飞行器的六自由度运动模型；最后针对高超声速飞行器的特性建立了面向控制的飞行器刚体模型，为后续方法研究和仿真分析奠定了基础。

第4章　飞行器动力学特性分析

控制器设计的首要前提是对控制模型有较为深入的研究。因而，设计合适的高超声速飞行器控制系统需要首先对高超声速飞行器的模型开展较深入的分析，从而掌握其飞行动力学特性，把握高超声速飞行器控制系统设计的难点问题，在此基础上开展有针对性的飞行控制系统设计。本章在提供的气动数据模型的基础上，开展高超声速飞行器升阻比特性、推力特性、静稳定性分析，通过对高超声速飞行器特性的分析，为后续控制器设计提供设计依据。

4.1　气动数据模型

国外较早地开展了高超声速飞行器动力学建模方面的研究，取得了较多的研究成果。1990年，美国NASA兰利研究中心的Shaughnessy、Pinckney等针对一类水平起飞、单级入轨且具有轴对称锥形体外形的高超声速飞行器(图4.1)开展了建模研究，并利用100多幅图给出了亚声速、跨声速、超声速和高超声速范围内的气动系数，同时还给出了发动机推力模型和质量特性变化模型。该模型是风洞试验数据与计算流体力学(CFD)计算结果的综合，给出了飞行器阻力系数、升力系数、侧力系数、滚动力矩系数、偏航力矩系数和俯仰力矩系数随攻角、马赫数、舵偏角的变化规律，可用于开展飞行器六自由度运动仿真。

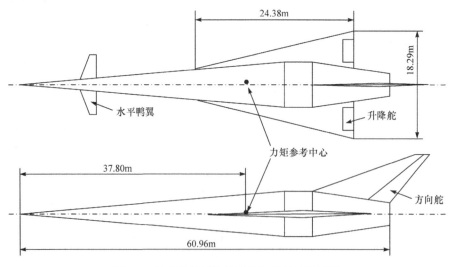

图 4.1　轴对称锥形体外形的高超声速飞行器

在美国 NASA 高超声速飞行器研究基金的资助下，加利福尼亚州立大学多学科飞行动力学与控制实验室的 Keshmiri 等基于 CFD 计算数据和风洞测试数据，采用多项式拟合方法得到了高超声速飞行器的气动力和气动力矩系数表达式。这些系数包括：升力系数 C_L、阻力系数 C_D、侧力系数 C_N、滚动力矩系数 m_x、偏航力矩系数 m_y 和俯仰力矩系数 m_z，它们均被表示成马赫数 Ma、攻角 α、侧滑角 β、左升降舵偏角 δ_e、右升降舵偏角 δ_a、方向舵偏角 δ_r 的五阶多项式函数，具体表达式分别为

$$\begin{cases} C_L = C_{L0} + C_{L\delta a} + C_{L\delta e} \\ C_D = C_{D0} + C_{D\delta a} + C_{D\delta e} + C_{D\delta r} \\ C_N = C_{N\beta}\beta + C_{N\delta a} + C_{N\delta e} + C_{N\delta r} \end{cases} \tag{4.1}$$

$$\begin{cases} m_x = m_{x\beta}\beta + m_{x\delta a} + m_{x\delta e} + m_{x\delta r} + m_{xx}\dfrac{\omega_x b}{2v} + m_{xy}\dfrac{\omega_y b}{2v} \\ m_y = m_{y\beta}\beta + m_{y\delta a} + m_{y\delta e} + m_{y\delta r} + m_{yx}\dfrac{\omega_x b}{2v} + m_{yy}\dfrac{\omega_y b}{2v} \\ m_z = m_{z0} + m_{z\delta a} + m_{z\delta e} + m_{z\delta r} + m_{zz}\dfrac{\omega_z \bar{c}}{2v} \end{cases} \tag{4.2}$$

式中等号右侧的每一项在不同飞行马赫数范围内具有不同的表达式。本章主要用到超声速和高超声速马赫数范围内的气动数据，其详细表达式见附录。

左升降舵偏角 δ_e、右升降舵偏角 δ_a、方向舵偏角 δ_r 与等效舵偏角 δ_φ、δ_ψ、δ_γ 的转化关系为

$$\begin{cases} \delta_\varphi = 0.5(\delta_e + \delta_a) \\ \delta_\psi = \delta_r \\ \delta_\gamma = 0.5(\delta_e - \delta_a) \end{cases} \tag{4.3}$$

高超声速飞行器的速度变化范围很大，发射时马赫数为 0，而最大马赫数可达 20，单独采用某种发动机很难适应如此大的马赫数范围。为了适应不同马赫数范围的推力需求，本章所研究的高超声速飞行器采用三种不同的发动机，根据飞行马赫数进行切换使用。影响发动机推力大小的因素主要包括马赫数、高度和燃油阀门开度 $P_{LA}(\in[0\%,100\%])$。不同马赫数范围时，发动机推力模型为：

(1) $0 < Ma \leqslant 2$ (涡轮喷气发动机)

$$T = P_{LA}\left(2.99\times10^5 - 10h + 1.33\times10^{-4}h^2 - 6.48\times10^{-10}h^3 + 3.75\times10^3 Ma^3\right) \tag{4.4}$$

(2) $2 < Ma \leqslant 6$ (冲压式喷气发动机)

$$T = P_{LA} \big(3.93 \times 10^{-8} + 3.94 \times 10^{5} Ma - 6.97 \times 10^{5} Ma^2 + 8.07 \times 10^{5} Ma^3$$
$$-4.36 \times 10^{5} Ma^4 + 1.16 \times 10^{5} Ma^5 - 1.50 \times 10^{4} Ma^6 + 753 Ma^7 \big) \tag{4.5}$$

(3) $6 < Ma < 24$ (火箭发动机)

$$T = \begin{cases} -5.43 \times 10^{4} + 0.664h + 3.24 \times 10^{5} P_{LA} + 0.374h \cdot P_{LA}, & h < 57000\text{ft} \\ -1.64 \times 10^{4} + 6.69295 \times 10^{5} P_{LA}, & h \geqslant 57000\text{ft} \end{cases} \tag{4.6}$$

式中，高度 h 和推力 T 的单位分别为 ft 和 lbf，使用时应将其转换为 m 和 N(1ft=0.3048m, 1lbf=4.44822N)。

4.2　升阻比和推力特性分析

飞行器的升力系数主要受飞行马赫数和攻角等因素的影响。升力系数近似和攻角呈线性关系，随攻角的增大而线性增大。图 4.2 给出了零舵偏角、零侧滑角以及零推力时，不同马赫数下升力系数随攻角的变化曲线。

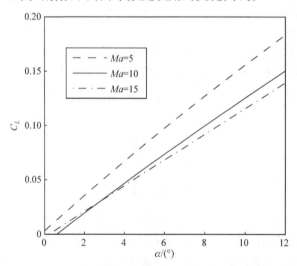

图 4.2　不同马赫数下升力系数随攻角的变化曲线

飞行器的阻力系数随攻角的变化呈现近似指数特性。攻角较小时阻力系数的变化较小；当攻角大于 2° 时阻力系数迅速增加。马赫数较小时，阻力系数随马赫数的增大而减小。图 4.3 给出了不同马赫数下阻力系数随攻角的变化曲线。

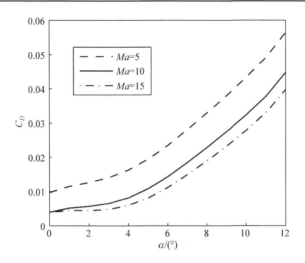

图 4.3 不同马赫数下阻力系数随攻角的变化曲线

图 4.4 给出了飞行器的升阻比曲线。从图中可以看出，当攻角小于 4°时，升阻比随着攻角的增大而增大，但是变化速率却随着攻角的增大而减小，即随着攻角的增大而逐渐变化缓慢。当攻角大于 4°时，升阻比随着攻角的增大而减小。

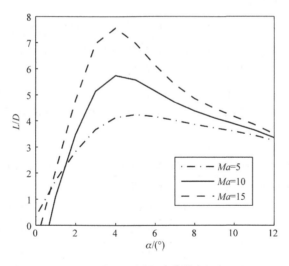

图 4.4 升阻比曲线

图 4.5 给出了不同马赫数下推力随燃油当量比的变化曲线。从图中可以看出，推力近似和燃油当量比呈线性关系，随燃油当量比的增大而线性增大。

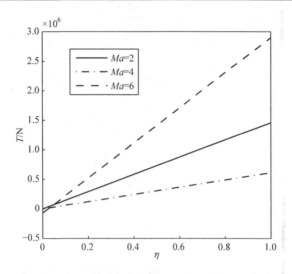

图 4.5　不同马赫数下推力随燃油当量比的变化曲线

4.3　静稳定性分析

4.3.1　纵向静稳定性分析

高超声速飞行器的纵向静稳定性是指在外界干扰作用消失的瞬间纵向运动参数的变化趋势，主要取决于飞行器质心与压心的相对位置关系。飞行器运动受到干扰作用后，其运动参数会偏离原平衡位置，当干扰作用消失后，飞行器本身的气动特性具有使其恢复、远离或既不恢复也不远离平衡位置的趋势，分别称为静稳定、静不稳定和中立稳定。具体的纵向静稳定性判断准则及质心与压心的相对位置关系如表 4.1 所示。

表 4.1　纵向静稳定性判断准则及质心与压心的相对位置关系

俯仰力矩系数对攻角的偏导数	纵向静稳定性	质心与压心的相对位置关系
$m_z^\alpha < 0$	静稳定	压心在质心之后
$m_z^\alpha = 0$	中立稳定	压心与质心重合
$m_z^\alpha > 0$	静不稳定	压心在质心之前

为分析沿弹道高超声速飞行时的纵向运动的静稳定性，依次选取马赫数 Ma=5、10 和 15，在不同攻角条件下，得到俯仰力矩系数对攻角的偏导数 m_z^α 的曲线如图 4.6 所示。飞行器大多数情况下都是纵向静稳定的，当攻角小于 1.5°时，飞行器是纵向静不稳定的；而当攻角较大时，则逐渐变为纵向静稳定的。

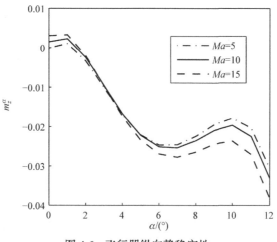

图 4.6　飞行器纵向静稳定性

4.3.2　侧向静稳定性分析

高超声速飞行器的侧向静稳定性是指在外界干扰作用消失的瞬间侧向运动参数的变化趋势，主要取决于飞行器的气动布局。侧向静稳定性包括横向静稳定性和航向静稳定性。横向静稳定性主要取决于滚动力矩系数对侧滑角的偏导数 m_x^β 的符号，航向静稳定性主要取决于偏航力矩系数对侧滑角的偏导数 m_y^β 的符号。侧向静稳定性判断准则如表 4.2 所示。

表 4.2　侧向静稳定性判断准则

力矩系数对侧滑角的偏导数	侧向静稳定性
$m_x^\beta < 0$	横向静稳定
$m_x^\beta = 0$	横向中立稳定
$m_x^\beta > 0$	横向静不稳定
$m_y^\beta < 0$	航向静稳定
$m_y^\beta = 0$	航向中立稳定
$m_y^\beta > 0$	航向静不稳定

为分析沿弹道高超声速飞行时的侧向运动的静稳定性，依次选取马赫数 Ma=5、10 和 15，在不同侧滑角条件下，得到滚动力矩系数对侧滑角的偏导数 m_x^β 和偏航力矩系数对侧滑角的偏导数 m_y^β 变化曲线如图 4.7 和图 4.8 所示。

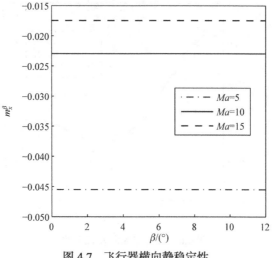

图 4.7 飞行器横向静稳定性

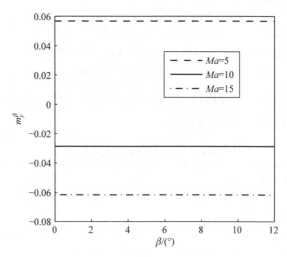

图 4.8 飞行器航向静稳定性

1) 横向静稳定性

由图 4.7 可知,滚动力矩系数对侧滑角的偏导数 m_x^β 的符号始终为负,故飞行器是横向静稳定的。

2) 航向静稳定性

由图 4.8 可知,偏航力矩系数对侧滑角的偏导数 m_y^β 在较高速度 $Ma = 10$ 和 15 时为负,故飞行器是航向静稳定的。

4.4　本　章　小　结

本章针对提供的气动数据模型，对气动力和气动力矩模型进行了较深入的分析，并对高超声速飞行器的升阻比特性、推力特性以及包括纵向和侧向两个角度的静稳定性开展了深入分析，得到了高超声速飞行器不同于传统飞行器的独特的飞行动力学特性，后续将针对高超声速飞行器的飞行动力学特性，开展适用于高超声速飞行器的控制器设计研究。

第5章 基于非线性最优预测控制方法的控制系统设计

预测控制具有适应快时变、非线性、不确定性等方面的优越性能，已经引起了飞行控制领域越来越多的关注。然而，传统预测控制的计算量一般较大，难以满足高超声速飞行器快速性的要求。针对高超声速飞行器的实际特性，需要开展计算量小的预测控制方法研究，并应用到高超声速飞行器控制系统设计中。本章提出一种非线性最优预测控制方法，详细介绍其原理和设计步骤，并开展相应的仿真验证研究。

5.1 非线性最优预测控制方法原理

5.1.1 解析形式的非线性最优预测控制律

考虑如下形式的一类仿射型非线性系统：

$$\begin{cases} \dot{x}(t) = f\left(x(t)\right) + g\left(x(t)\right)u(t) \\ y(t) = h\left(x(t)\right) \end{cases} \tag{5.1}$$

式中，$x \in \mathbf{R}^n$ 为状态变量；$y \in \mathbf{R}^m$ 为输出变量；$u \in \mathbf{R}^m$ 为控制变量；函数满足 $f \in \mathbf{R}^n$，$h \in \mathbf{R}^m$，$g \in \mathbf{R}^{n \times m}$。

为了设计非线性预测控制律，引入如下假设。

假设 5.1 系统的零动态是稳定的。

假设 5.2 系统所有状态可测。

假设 5.3 系统存在向量相对阶 $\{\rho_1, \rho_2, \cdots, \rho_m\}$。

假设 5.4 系统的输出变量 $y(t)$ 及其参考信号 $y_c(t)$ 对时间 t 连续可微。

预测控制律的性能指标取为

$$J_p = \frac{1}{2} \int_0^{T_p} e(t+\tau)^{\mathrm{T}} e(t+\tau) \mathrm{d}\tau \tag{5.2}$$

式中，T_p 为预测时域；e 为输出量的跟踪误差，具体形式为

$$e(t+\tau) = \hat{y}(t+\tau) - y_c(t+\tau) \tag{5.3}$$

式中，$\hat{y}(t+\tau)$、$y_c(t+\tau)$ 分别为预测时域内的预测输出和期望输出。

假定控制系统的控制阶数为 r，将系统未来输出 $y(t+\tau)$ 在 t 时刻进行泰勒级数展开，并省略高阶余项，同时考虑到假设 5.3，则可得到输出预测值 $\hat{y}(t+\tau)$ 的各分量为

$$\hat{y}_i(t+\tau) = \Gamma_i(\tau)\overline{Y}_i(t), \quad i = 1, 2, \cdots, m \tag{5.4}$$

式中

$$\Gamma_i(\tau) = \begin{bmatrix} 1 & \tau & \cdots & \dfrac{\tau^{\rho_i+r}}{(\rho_i+r)!} \end{bmatrix} \in \mathbf{R}^{1\times(\rho_i+r+1)} \tag{5.5}$$

$$\overline{Y}_i(t) = \begin{bmatrix} y_i^{(0)}(t) \\ \vdots \\ y_i^{(\rho_i)}(t) \\ \vdots \\ y_i^{(\rho_i+r)}(t) \end{bmatrix} = \begin{bmatrix} h_i(x) \\ \vdots \\ L_f^{\rho_i} h_i(x) \\ \vdots \\ L_f^{\rho_i+r} h_i(x) \end{bmatrix} + \begin{bmatrix} 0_{\rho\times 1} \\ H_i(u) \end{bmatrix} \tag{5.6}$$

式中，$L_f^{\rho_i} h_i(x) \in \mathbf{R}$ 表示由 $h_i(x)$ 沿向量场 f 求 ρ_i 阶李导数，其余类同；$H_i(u) \in \mathbf{R}^{r+1}$ 为关于 $u, \dot{u}, \cdots, u^{(r-1)}$ 的复杂非线性函数向量，这是由于对输出的求导次数大于等于系统相对阶时产生了输出函数沿向量场 g 的李导数形式的余项。

同理可将期望输出在 t 时刻进行泰勒级数展开，得到期望输出的估计值为

$$\hat{y}_{ci}(t+\tau) = \Gamma_i(\tau)\overline{Y}_{ci}(t), \quad i = 1, 2, \cdots, m \tag{5.7}$$

式中，$\overline{Y}_{ci}(t) = \begin{bmatrix} y_{ci}^{(0)}(t) & y_{ci}^{(1)}(t) & \cdots & y_{ci}^{(\rho_i+r)}(t) \end{bmatrix}^{\mathrm{T}}$。

令

$$\overline{\Gamma}_i(T_p) = \int_0^{T_p} \Gamma_i^{\mathrm{T}}(\tau)\Gamma_i(\tau)\mathrm{d}\tau, \quad i = 1, 2, \cdots, m \tag{5.8}$$

矩阵 $\overline{\Gamma}_i(T_p)$ 的第 j 行第 k 列元素的表达式为

$$\overline{\Gamma}_i(T_p)_{(j,k)} = \frac{T_p^{j+k-1}}{(j-1)!(k-1)!(j+k-1)} \tag{5.9}$$

式中，$j, k-1, 2, \cdots, \rho_i+r+1$。

为了下面书写方便，将 $\overline{\Gamma}_i(T_p)$ 写成分块矩阵的形式

$$\overline{\Gamma}_i = \begin{bmatrix} \overline{\Gamma}_{\rho_i\rho_i} & \overline{\Gamma}_{\rho_i r} \\ \overline{\Gamma}_{\rho_i r}^{\mathrm{T}} & \overline{\Gamma}_{irr} \end{bmatrix}, \quad i = 1, 2, \cdots, m \tag{5.10}$$

式中，$\overline{\Gamma}_{\rho_i\rho_i} \in \mathbf{R}^{\rho_i\times\rho_i}, \overline{\Gamma}_{\rho_i r} \in \mathbf{R}^{\rho_i\times(r+1)}, \overline{\Gamma}_{irr} \in \mathbf{R}^{(r+1)\times(r+1)}$。

至此性能指标(5.2)可改写为如下形式：

$$J_p = \frac{1}{2}\sum_{i=1}^{m}\left\{\left[\bar{Y}_i(t)-\bar{Y}_{ci}(t)\right]^{\mathrm{T}}\bar{\Gamma}_i(T_p)\left[\bar{Y}_i(t)-\bar{Y}_{ci}(t)\right]\right\} \tag{5.11}$$

为使上述函数达到最小，由必要条件

$$\left.\frac{\partial J_p}{\partial u}\right|_{u=u_p}=0 \tag{5.12}$$

可得系统解析形式的非线性最优预测控制律为

$$u_p = -A_p^{-1}B_p \tag{5.13}$$

式中

$$A_p = \begin{bmatrix} L_g L_f^{\rho_1-1}h_1(x) \\ L_g L_f^{\rho_2-1}h_2(x) \\ \vdots \\ L_g L_f^{\rho_m-1}h_m(x) \end{bmatrix} \tag{5.14}$$

$$B_p = \begin{bmatrix} K_1 M_{\rho 1} + L_f^{\rho_1}h_1(x) - y_{1c}^{(\rho_1)}(t) \\ K_2 M_{\rho 2} + L_f^{\rho_2}h_2(x) - y_{2c}^{(\rho_2)}(t) \\ \vdots \\ K_m M_{\rho m} + L_f^{\rho_m}h_m(x) - y_{mc}^{(\rho_m)}(t) \end{bmatrix} \tag{5.15}$$

式中，K_i 为矩阵 $\bar{\Gamma}_{irr}^{-1}\bar{\Gamma}_{\rho_i r}^{\mathrm{T}}$ 的第 1 行，由相对阶 ρ_i、控制阶数 r 和预测时域 T_p 确定，而与系统状态量和输出量无关。

$$M_{\rho i} = \begin{bmatrix} L_f^0 h_i(x) - y_{ic}^{(0)}(t) \\ L_f^1 h_i(x) - y_{ic}^{(1)}(t) \\ \vdots \\ L_f^{\rho_i-1}h_i(x) - y_{ic}^{(\rho_i-1)}(t) \end{bmatrix}, \quad i=1,2,\cdots,m \tag{5.16}$$

5.1.2　非线性预测控制律的反馈校正

当系统存在较强非线性、外界干扰及不确定性等因素时，预测模型与实际系统之间存在偏差，致使预测模型的预测值与系统实际输出之间存在偏差，导致控制性能下降。为了克服这一问题，预测控制中常用的方法是进行反馈校正，其具体做法如下。

假设预测模型得到的预测输出为 $y_p(t+T)$，系统的实际输出为 $y(t+T)$，故预测偏差为 $\Delta y_p(t+T) = y_p(t+T) - y(t+T)$，则反馈校正的思路是在期望输出的基础上补偿预测偏差，即

$$y_c^*(t) = y_c(t) + \Delta y_p(t+T) = y_c(t) + \left[y_p(t+T) - y(t+T) \right] \tag{5.17}$$

由于系统的未来实际输出 $y(t+T)$ 是未知的，无法得到预测偏差。为了解决这一问题，可利用当前时刻和过去时刻系统的实际输出，采用近似方法得到预测偏差的估计值。记当前时刻和过去时刻系统的实际输出分别为 $y(t)$ 和 $y(t-\Delta t)$，而由预测模型和 $y(t-\Delta t)$ 可得到当前时刻的预测值 $y_p(t)$，则当前时刻的预测偏差为

$$\Delta y_p(t) = y_p(t) - y(t) \tag{5.18}$$

假设在预测时域内相同时间内的预测偏差是逐渐减小的，则可得预测时域内的预测偏差的近似值为

$$\Delta y_p(t+T) \approx \zeta \frac{T}{\Delta t} \Delta y_p(t) \tag{5.19}$$

式中，ζ 为反馈校正系数，也称为衰减因子，其取值范围一般为 $\zeta \in (0,1)$。

5.1.3　非线性预测控制方法的稳定性证明

由式(5.13)可知

$$y_{ic}^{(\rho_i)}(t) = L_g L_f^{\rho_i - 1} h_i(x) u_i + K_i M_{\rho i} + L_f^{\rho_i} h_i(x) \tag{5.20}$$

式中，$i = 1, 2, \cdots, m$。

由李导数的定义可知

$$y_i^{(\rho_i)}(t) = L_g L_f^{\rho_i - 1} h_i(x) u_i + L_f^{\rho_i} h_i(x) \tag{5.21}$$

故有

$$e_i^{(\rho_i)}(t) = y_i^{(\rho_i)}(t) - y_{ic}^{(\rho_i)}(t) = -K_i M_{\rho i} \tag{5.22}$$

若记

$$K_i = \begin{bmatrix} K_{i1} & K_{i2} & \cdots & K_{i\rho_i} \end{bmatrix} \tag{5.23}$$

则有

$$e_i^{(\rho_i)}(t) = -\sum_{j=1}^{\rho_i} K_{ij} \left[L_f^{j-1} h_i(x) - y_{ic}^{(j-1)}(t) \right] = -\sum_{j=1}^{\rho_i} K_{ij} e_i^{(j-1)}(t) \tag{5.24}$$

取 $E_i = \begin{bmatrix} e_i^{(0)}(t) & e_i^{(1)}(t) & \cdots & e_i^{(\rho_i-1)}(t) \end{bmatrix}^{\mathrm{T}}$，则有

$$\dot{E}_i = \Xi_i E_i \tag{5.25}$$

式中

$$\varXi_i = \begin{bmatrix} 0 & 1 & 0 & \cdots & 0 \\ 0 & 0 & 1 & \cdots & 0 \\ \vdots & \vdots & \vdots & & \vdots \\ 0 & 0 & 0 & \cdots & 1 \\ -K_{i1} & -K_{i2} & -K_{i3} & \cdots & -K_{i\rho_i} \end{bmatrix} \tag{5.26}$$

取 Lyapunov 函数为

$$V_E = \sum_{i=1}^{m} E_i^{\mathrm{T}} P_i E_i \tag{5.27}$$

式中，$P_i = \mathrm{diag}\left\{\begin{bmatrix} P_{i1} & P_{i2} & \cdots & P_{i\rho_i} \end{bmatrix}\right\}$，其每一个元素均为正实数，且满足 $P_i \varXi_i +$ $\varXi_i^{\mathrm{T}} P_i = -Q_i$，$Q_i$ 为对称正定矩阵。则 Lyapunov 函数对时间的微分满足

$$\dot{V}_E = \sum_{i=1}^{m} \left(\dot{E}_i^{\mathrm{T}} P_i E_i + E_i^{\mathrm{T}} P_i \dot{E}_i \right) < 0 \tag{5.28}$$

故系统在控制律(5.13)的作用下是 Lyapunov 稳定的。

5.1.4 控制系统结构剖析

非线性最优预测控制结合了最优控制与预测控制的优点，在预测控制的滚动优化部分采用最优控制的思路，得到了具有解析形式的预测控制律，避免了传统的预测控制方法计算量大的问题，同时具备预测控制滚动优化的特点，实现了实时最优控制律设计。

图 5.1 为非线性最优预测控制系统框图。

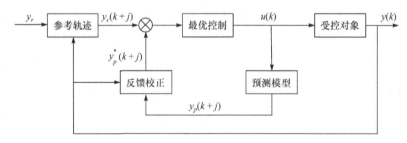

图 5.1 非线性最优预测控制系统框图

为便于非线性最优预测控制方法的广泛应用，提高其工程应用价值，在理论和仿真分析的基础上，给出了非线性最优预测控制方法相关参数的影响和选取规律，如表 5.1 所示。

表 5.1　设计参数的调节机制

预测控制器	ρ	由对象模型确定，不能调节
	r	该参数只能取为正整数。该参数越大，控制器的动态响应能力越强，但会引起较大的超调量，一般不宜过大
	T_p	该参数越小，控制器的动态响应能力越强，但会引起较大的超调量。该参数的选取应与对象动态特性相匹配，若对象表现为高动态，则应将其取得小一些，反之则取得大一些
	ζ	该参数越小，控制器的动态响应能力越强，上升时间越短，但也会引起较大的超调量，一般不宜过小

5.2　定点仿真算例

5.2.1　面向控制的模型处理

选取 1990 年美国 NASA 公布的 Winge-coned 高超声速飞行器模型(4.1 节)作为研究对象，针对其姿态运动模型，开展非线性最优预测控制方法的定点仿真研究。

选取飞行器攻角 α、侧滑角 β 和倾侧角 γ_V 为姿控系统的被控量，为便于控制器设计，式(3.76)和式(3.77)所示的飞行器姿态运动模型可分解为以下两个仿射非线性系统：

$$\begin{cases} \dot{x}_1 = f_1(x_1) + g_1(x_1)u_1 \\ y_1 = x_1 \end{cases} \tag{5.29}$$

$$\begin{cases} \dot{x}_2 = f_2(x_2) + g_2(x_2)u_2 \\ y_2 = x_2 \end{cases} \tag{5.30}$$

式中

$$x_1 = \begin{bmatrix} \alpha & \beta & \gamma_V \end{bmatrix}^T, \quad u_1 = x_2 = \begin{bmatrix} \omega_x & \omega_y & \omega_z \end{bmatrix}^T, \quad u_2 = \begin{bmatrix} M_x & M_y & M_z \end{bmatrix}^T$$

$$\begin{cases} f_1(x_1) = \frac{1}{mv} \begin{bmatrix} (mg\cos\theta\cos\gamma_V - L - T\sin\alpha)\sec\beta \\ mg\cos\theta\sin\gamma_V + N - T\cos\alpha\sin\beta \\ -mg\cos\theta\tan\beta\cos\gamma_V + L(\tan\theta\sin\gamma_V + \tan\beta) \end{bmatrix} \\ \quad + \begin{bmatrix} 0 \\ 0 \\ N\tan\theta\cos\gamma_V + T\sin\alpha\tan\beta + T(\sin\alpha\sin\gamma_V - \cos\alpha\sin\beta\cos\gamma_V)\tan\theta \end{bmatrix} \\ g_1(x_1) = \begin{bmatrix} -\cos\alpha\tan\beta & \sin\alpha\tan\beta & 1 \\ \sin\alpha & \cos\alpha & 0 \\ \cos\alpha\sec\beta & -\sin\alpha\sec\beta & 0 \end{bmatrix} \end{cases}$$

$$\tag{5.31}$$

$$\begin{cases} f_2(x_2) = -\begin{bmatrix} J_x^{-1}(J_z - J_y)\omega_z\omega_y \\ J_y^{-1}(J_x - J_z)\omega_x\omega_z \\ J_z^{-1}(J_y - J_x)\omega_y\omega_x \end{bmatrix} \\ g_2(x_2) = \begin{bmatrix} J_x^{-1} & 0 & 0 \\ 0 & J_y^{-1} & 0 \\ 0 & 0 & J_z^{-1} \end{bmatrix} \end{cases} \tag{5.32}$$

由式(5.29)和式(5.30)可知，将绕质心运动可分为外层运动和内层运动，其中内层运动的输入量(控制量)为滚动力矩 M_x、偏航力矩 M_y 和俯仰力矩 M_z，输出量(被控量)为姿态角速度 ω_x、ω_y、ω_z；外层运动的输入量(控制量)为姿态角速度 ω_x、ω_y、ω_z，输出量(被控量)为飞行攻角 α、侧滑角 β 和倾侧角 γ_V。

5.2.2　非线性最优预测控制律计算

1) 步骤 1：性能指标选取

内层预测控制律的性能指标取为

$$J_{pI} = \frac{1}{2} \int_0^{T_{pI}} e_I(t+\tau)^T e_I(t+\tau) d\tau \tag{5.33}$$

式中，T_{pI} 为内层预测时域；e_I 为输出量的跟踪误差，具体形式为

$$e_I(t+\tau) = \hat{y}_2(t+\tau) - y_{2c}(t+\tau) \tag{5.34}$$

式中，$\hat{y}_2(t+\tau)$、$y_{2c}(t+\tau)$ 分别为内层运动预测时域内的预测输出和期望输出。

同理，外层预测控制律的性能指标取为

$$J_{pO} = \frac{1}{2} \int_0^{T_{pO}} e_O(t+\tau)^T e_O(t+\tau) d\tau \tag{5.35}$$

式中，T_{pO} 为外层预测时域；e_O 为输出量的跟踪误差，具体形式为

$$e_O(t+\tau) = \hat{y}_1(t+\tau) - y_{1c}(t+\tau) \tag{5.36}$$

式中，$\hat{y}_1(t+\tau)$、$y_{1c}(t+\tau)$ 分别为外层运动预测时域内的预测输出和期望输出。

2) 步骤 2：控制律矩阵 A、B 等相关参数计算

内层预测控制律的 A、B 矩阵为

$$A_I = \begin{bmatrix} L_g L_f^0 \omega_{x1} \\ L_g L_f^0 \omega_{y1} \\ L_g L_f^0 \omega_{z1} \end{bmatrix} = g_2(x_2) \tag{5.37}$$

$$B_{\mathrm{I}} = K_{\mathrm{I}} \begin{bmatrix} \omega_x - \omega_{xc} \\ \omega_y - \omega_{yc} \\ \omega_z - \omega_{zc} \end{bmatrix} + f_2(x_2) - \begin{bmatrix} \dot{\omega}_{xc} \\ \dot{\omega}_{yc} \\ \dot{\omega}_{zc} \end{bmatrix} \tag{5.38}$$

式中，K_{I} 是由内层模型相对阶数 ρ_{I}、内层预测控制器控制阶数 r_{I} 及预测时域 $T_{p\mathrm{I}}$ 确定的常数，与系统状态无关。

外层预测控制律的 A、B 矩阵为

$$A_{\mathrm{O}} = \begin{bmatrix} L_g L_f^0 \alpha \\ L_g L_f^0 \beta \\ L_g L_f^0 \gamma_V \end{bmatrix} = g_1(x_1) \tag{5.39}$$

$$B_{\mathrm{O}} = K_{\mathrm{O}} \begin{bmatrix} \alpha - \alpha_c \\ \beta - \beta_c \\ \gamma_V - \gamma_{Vc} \end{bmatrix} + f_1(x_1) - \begin{bmatrix} \dot{\alpha}_c \\ \dot{\beta}_c \\ \dot{\gamma}_{Vc} \end{bmatrix} \tag{5.40}$$

式中，K_{O} 是由外层运动模型相对阶数 ρ_{O}、外层预测控制器控制阶数 r_{O} 及预测时域 $T_{p\mathrm{O}}$ 确定的常数，与系统状态无关。

3) 步骤 3：计算非线性最优预测控制律

根据步骤 2 求得的内层预测控制律的 A、B 矩阵，可以得到内层非线性预测控制器的最优控制量为

$$u_{\mathrm{I}p} = -A_{\mathrm{I}}^{-1} B_{\mathrm{I}} \tag{5.41}$$

同理，根据步骤 2 求得的外层预测控制律的 A、B 矩阵，可以得到外层预测控制器的最优控制量为

$$u_{\mathrm{O}p} = -A_{\mathrm{O}}^{-1} B_{\mathrm{O}} \tag{5.42}$$

4) 步骤 4：反馈校正

由于参数偏差、外界干扰的影响，内层预测模型与实际姿态动力学模型之间存在偏差，因此内层预测控制器需设计反馈校正回路。根据 5.1.2 节的反馈校正算法，在此可将角速度指令修正为

$$\omega_c^*(t) = \omega_c(t) + \zeta \frac{T}{\Delta t} \Delta \omega_p(t) \tag{5.43}$$

式中，ζ 为反馈校正系数。

5.2.3 控制系统仿真分析

假设高超声速飞行器处于等高等速巡航状态，其中高度 $h = 33.5\text{km}$，马赫数 $Ma = 15$；初始攻角、侧滑角和倾侧角分别为 $0°$、$1°$ 和 $2°$，期望值取常值，分别为 $10°$、$0°$ 和 $20°$；左升降舵偏角 δ_e、右升降舵偏角 δ_a 和方向舵偏角 δ_r 的变化范围均为 $[-20°, 20°]$；控制器更新步长取为 0.01s。

1) 控制参数对控制性能的影响规律分析

由分层预测控制系统设计过程可知，影响控制系统性能的主要控制参数包括：内、外层预测控制器控制阶数 r_I 和 r_O，预测时域 T_{pI} 和 T_{pO}，内层反馈校正系数 ζ，角速度变化率指令参数 $K_{\omega c}$。在此假设内、外层预测控制器的预测时域相同，且记 $T_p = T_{pI} = T_{pO}$。下面在标称条件下分析其他控制参数对控制系统性能的影响规律。

(1) 内层预测控制器控制阶数 r_I 对控制性能的影响分析。

分析内层控制器控制阶数 r_I 对控制性能的影响时认为其他控制参数是固定的，且取 $r_O = 2$，$T_p = 0.5\text{s}$，$\zeta = 0.10$，$K_{\omega c} = 1.5$。内层控制阶数 r_I 依次取 1、2、3，不同内层控制阶数条件下的仿真结果如图 5.2～图 5.4 所示。由图中所示结果可知，在其他控制参数一定时，内层控制阶数越大，侧滑角和倾侧角指令的动态响应越快，跟踪控制过程所需的控制量越大，当控制阶数过大时，控制量出现严重抖振现象，这是控制系统实际应用中不允许的。内层控制阶数越大，攻角指令的动态响应越慢，但相差不大，这是因为当内层控制阶数较大时，偏航和滚动舵偏角的需求量过大，使舵偏角长时间处于饱和状态，限制了对攻角指令的动态响应速度。内层控制阶数影响控制性能的总体趋势是：内层控制阶数越大，姿态角指令的动态响应越快，跟踪控制过程所需的控制量越大。该结论还可由表 5.1 得到验证，因为控制增益随着控制阶数的增大而增大。对于上述典型飞行状态，内层控制阶数取 1 较好。

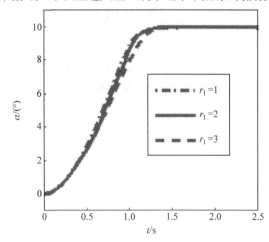

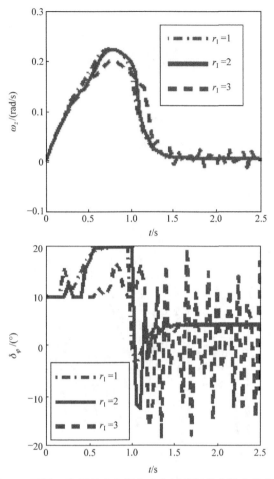

图 5.2 不同 r_1 条件下攻角指令响应过程相关参数变化曲线

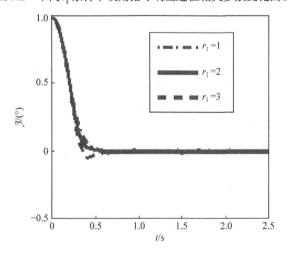

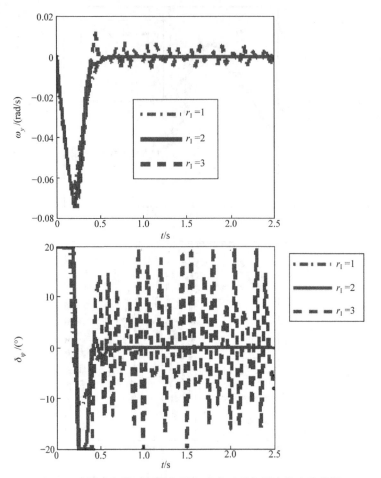

图 5.3 不同 r_1 条件下侧滑角指令响应过程相关参数变化曲线

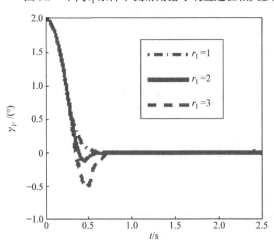

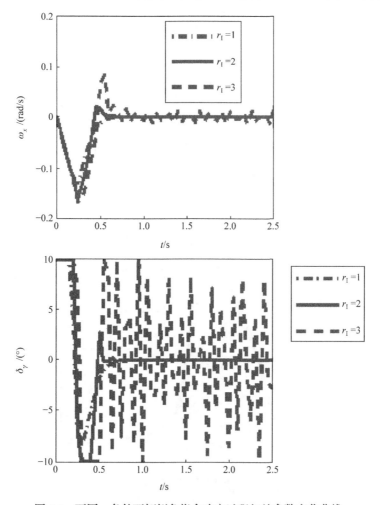

图 5.4　不同 r_I 条件下倾侧角指令响应过程相关参数变化曲线

(2) 外层预测控制器控制阶数 r_O 对控制性能的影响分析。

分析外层控制器控制阶数 r_O 对控制性能的影响时认为其他控制参数是固定的，且取 $r_I=1$，$T_p=0.5\text{s}$，$\zeta=0.10$，$K_{\omega c}=1.5$。外层控制阶数 r_O 依次取 1、2、3，不同外层控制阶数条件下的仿真结果如图 5.5～图 5.7 所示。由图中所示结果可知，在其他控制参数一定时，外层控制阶数越大，姿态角指令的动态响应越快，跟踪控制过程所需的控制量越大，但变化幅度不大，特别当 $r_O>2$ 时，动态响应的变化幅度越来越小。对于上述典型飞行状态，外层控制阶数的可取范围较大，在此取 $r_O=2$。

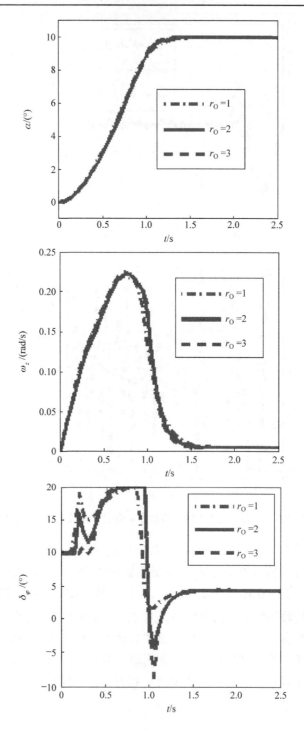

图 5.5　不同 r_O 条件下攻角指令响应过程相关参数变化曲线

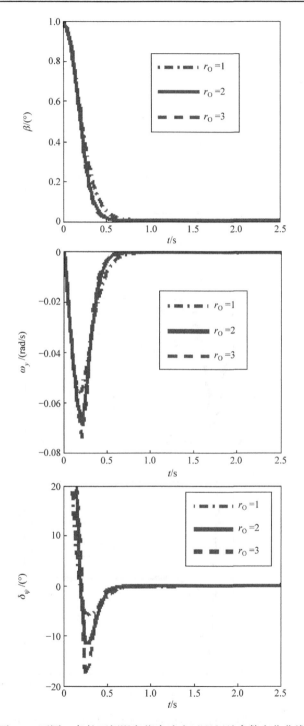

图 5.6 不同 r_O 条件下侧滑角指令响应过程相关参数变化曲线

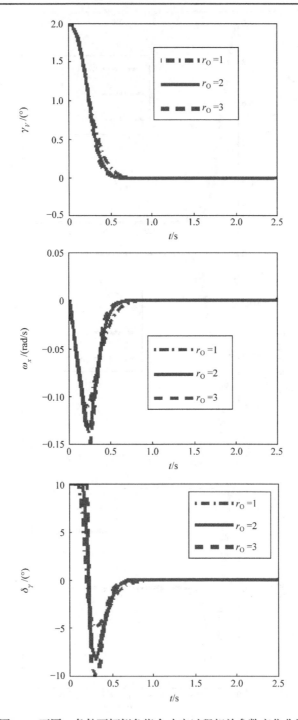

图 5.7　不同 r_O 条件下倾侧角指令响应过程相关参数变化曲线

(3) 预测时域 T_p 对控制性能的影响分析。

分析预测时域 T_p 对控制性能的影响时认为其他控制参数是固定的，且取 $r_I = 1$，$r_O = 2$，$\zeta = 0.10$，$K_{\omega c} = 1.5$。预测时域 T_p 依次取 0.3s、0.5s、0.7s 和 0.9s，不同预测时域条件下的仿真结果如图 5.8～图 5.10 所示。由图中所示结果可知，在其他控制参数一定时，预测时域越小，姿态角指令的动态响应越快，过渡过程所需的控制量越大，上升时间越短，超调量越大。当预测时域过小时，控制量将达到饱和，严重时还会引起抖振现象，这是控制系统实际应用中不允许的。因此，为了避免出现控制量大幅度抖振现象，且保持控制器具有较好的动态响应能力，预测时域不宜过大，也不宜过小，应对其进行优化。预测时域对控制性能的影响规律还可由表 5.1 所列结果得以验证，因为控制增益与预测时域呈反比关系。对于上述典型飞行状态，预测时域取 0.5s 时较好。

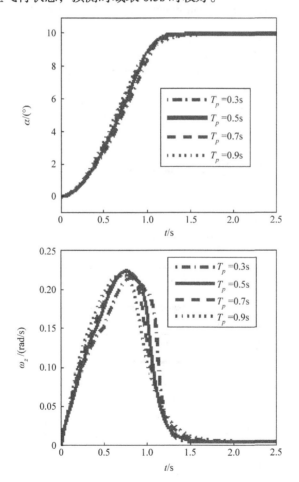

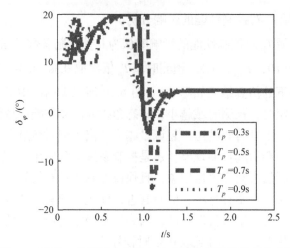

图 5.8　不同 T_p 条件下攻角指令响应过程相关参数变化曲线

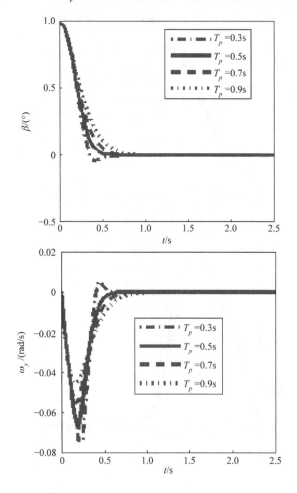

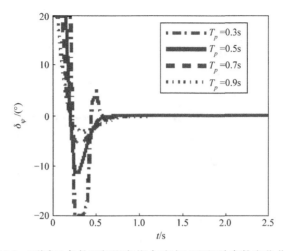

图 5.9　不同 T_p 条件下侧滑角指令响应过程相关参数变化曲线

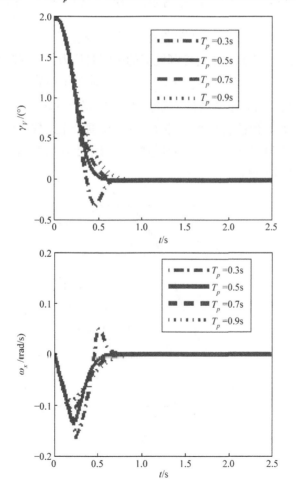

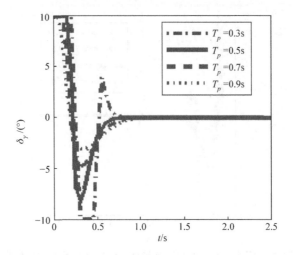

图 5.10 不同 T_p 条件下倾侧角指令响应过程相关参数变化曲线

(4) 内层反馈校正系数 ζ 对控制性能的影响分析。

分析内层反馈校正系数 ζ 对控制性能的影响时认为其他控制参数是固定的，且取 $r_I = 1$，$r_O = 2$，$T_p = 0.5s$，$K_{\omega c} = 1.5$。内层反馈校正系数 ζ 依次取 0.01、0.10、0.20，不同内层反馈校正系数条件下的仿真结果如图 5.11～图 5.13 所示。由图中所示结果可知，在其他控制参数一定时，内层反馈校正系数越小，姿态角指令的动态响应越快，上升时间越短，超调量越大。对于上述典型飞行状态，内层反馈校正系数取 0.10 时较好。

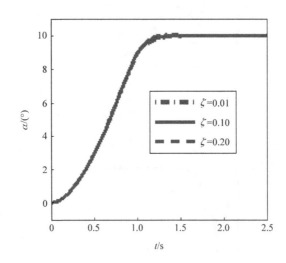

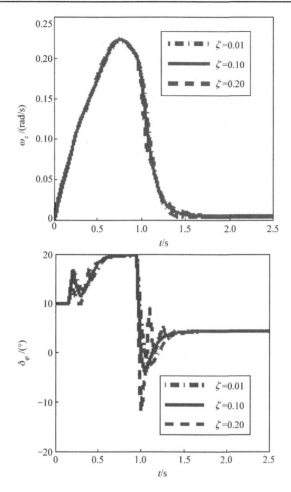

图 5.11　不同 ζ 条件下攻角指令响应过程相关参数变化曲线

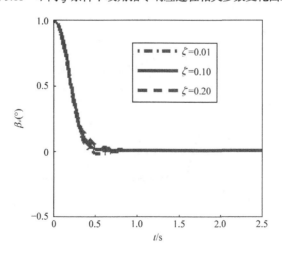

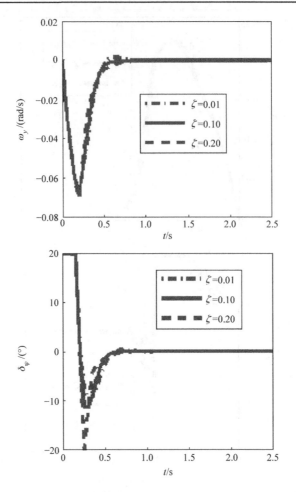

图 5.12　不同 ζ 条件下侧滑角指令响应过程相关参数变化曲线

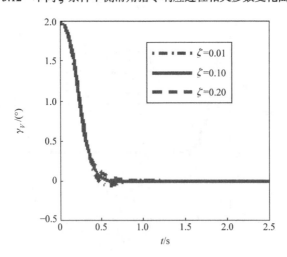

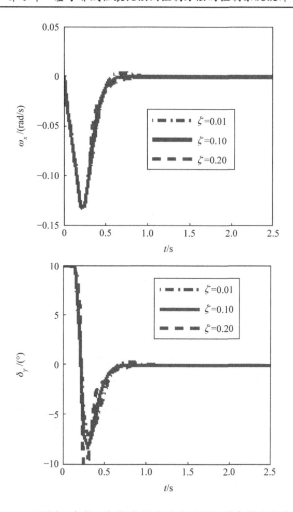

图 5.13　不同 ζ 条件下倾侧角指令响应过程相关参数变化曲线

2) 控制系统仿真验证

经上述分析可知，采用下述控制参数时分层预测控制系统具有良好的控制性能：$r_{\mathrm{I}}=1$，$r_{\mathrm{O}}=2$，$T_p=0.5\mathrm{s}$，$\zeta=0.10$，$K_{\omega c}=1.5$。这组控制参数可作为分层预测控制系统的最优控制参数使用。

由图 5.14 和图 5.15 所示结果可知，非线性最优预测控制方法实现了对攻角、侧滑角和倾侧角指令的平稳快速跟踪，控制性能较好；同时，俯仰舵偏角、偏航舵偏角和滚动舵偏角未超出限幅，没有出现严重的抖振现象，非线性最优预测控制方法的性能得到较好的验证。

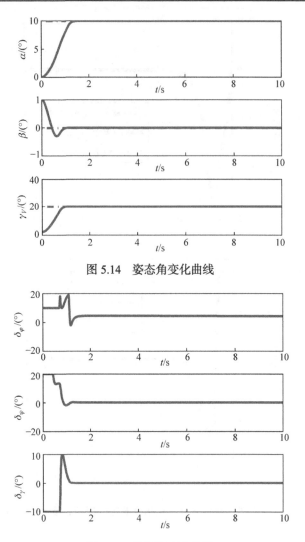

图 5.14　姿态角变化曲线

图 5.15　控制量变化曲线

5.3　本 章 小 结

　　针对高超声速飞行器具有快时变、强非线性、不确定性的特点，本章提出了一种非线性最优预测控制方法，对高超声速飞行器具有较好的适用性。首先针对仿射型非线性系统推导了非线性最优预测控制律，并设计反馈校正环节以增强其控制性能，还证明了控制系统的稳定性；然后以仿射型非线性系统为例，较清晰地给出了非线性最优预测控制方法的控制律设计步骤；最后采用高超声速飞行器公开模型，开展了定点仿真研究，验证了非线性最优预测控制方法的有效性。

第6章　高超声速飞行器沿弹道控制系统设计

为深入开展非线性最优预测控制方法研究,需要针对高超声速飞行器的特点,开展姿态运动控制器的设计,并设计适应高超声速飞行器大跨度飞行的沿弹道的控制系统,以验证控制方法的有效性。本章首先针对高超声速飞行器三通道姿态运动模型开展分层预测控制方法研究,详细介绍分层预测控制方法的原理以及设计步骤;然后针对爬升段、巡航段、俯冲段存在的问题,设计沿弹道的飞行控制系统,并深入剖析设计的控制系统;最后在各种参数偏差和干扰组合影响下,开展沿弹道的飞行控制系统的适用性分析。

6.1　分层预测控制方法原理

分层预测控制方法采用分层设计思想,将高超声速飞行器姿态运动数学模型分为姿态动力学模型(内环)和姿态运动学模型(外环),并分别设计内、外环控制器。基于分层设计思想,可将相对阶为 2 的系统分解为两个相对阶为 1 的系统,系统相对阶的降低有利于开展控制系统设计,有助于提高系统的动态响应速度和控制系统的整体性能。

6.1.1　姿态运动模型分层处理

当高超声速飞行器操纵舵面发生偏转时,首先是由空气动力矩引起高超声速飞行器的三个角速度 ω_x、ω_y、ω_z 发生变化,角速度的变化引起高超声速飞行器的三个姿态角 α、β、γ_V 的转动。因此,根据以上分析,将角速度 ω_x、ω_y、ω_z 定义为快状态,其宽带约为 10rad/s,将姿态角 α、β、γ_V 定义为慢状态,其宽带大约为 2.5rad/s。根据以上对高超声速飞行器姿态动态子系统的划分,可以针对不同的回路设计各自的控制系统,从而构成高超声速飞行器完整的姿态控制系统,由于各个子系统之间的带宽各不相同,可以保证它们运行在各自的时间域内。

6.1.2　姿态控制器分层设计

高超声速飞行器姿态控制系统设计按照外回路和内回路分别进行,采用非线性最优预测控制方法设计的外回路控制器的控制量作为内回路控制器的输入，内回路同样采用非线性最优预测控制方法设计控制器，任务是跟踪外回路的控制量，同时产生的控制量为姿态控制系统所需要的力矩指令，通过采用适当的控制分配算法产生姿态运动所需要的舵偏角，从而实现对姿态运动的控制，姿态控制系统的结构如图 6.1 所示。

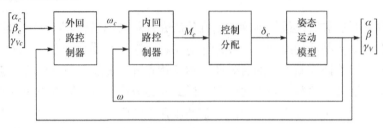

图 6.1　姿态控制系统结构图

6.2　分层预测控制律设计步骤

6.2.1　面向控制的模型处理

选取飞行器攻角 α、侧滑角 β 和倾侧角 γ_V 为姿控系统的被控量，则飞行器姿态运动模型可分解为两个非线性系统式(5.29)和式(5.30)。其中式(5.29)表示外层运动，式(5.30)表示内层运动。因此，高超声速飞行器的预测控制系统可分内外两层分别进行设计。

6.2.2　内层非线性预测控制器设计

式(5.30)给出了姿态内层运动的非线性系统模型，由该模型可知三个输出量的相对阶均为 1，记为 $\rho_I = 1$(下标"I"表示内回路参数，下同)。按照第 5 章介绍的非线性预测控制系统设计方法可得内层非线性预测控制器的最优控制量为式(5.41)。当 r_I 取不同值时，式(5.38)中 K_I 的具体形式如表 6.1 所示。

表 6.1　不同控制阶数时控制参数矩阵的具体表达式

r_I	0	1	2	3	4	5
K_I	$\dfrac{1.5}{T}$	$\dfrac{4}{T}$	$\dfrac{7.5}{T}$	$\dfrac{12}{T}$	$\dfrac{17.5}{T}$	$\dfrac{24}{T}$

由于参数偏差、外界干扰的影响，内层预测模型与实际姿态动力学模型之间存在偏差，因此内层预测控制器需按式(5.43)设计反馈校正回路。

6.2.3　外层非线性预测控制器设计

式(5.29)给出了姿态外层运动非线性系统模型，由该模型可知攻角 α、侧滑角 β 和倾侧角 γ_V 的相对阶均为 1，记为 $\rho_O = 1$(下标"O"表示外回路参数，下同)。按照第 5 章介绍的非线性预测控制系统设计方法可得外层预测控制器的最优控制量为式(5.42)。当 r_O 取不同值时，式(5.40)中 K_O 的具体形式与表 6.1 中所列结果类似。

6.2.4　指令反演算法

对于飞行控制系统，最终的控制量为三轴等效舵偏角 δ_φ、δ_ψ、δ_γ，而上述内环预测控制器的控制量形式为控制力矩。因此，还需要利用气动模型将所需的控制力矩转化成等效舵偏角，即进行指令反演计算。

根据控制力矩的产生机理，可假设控制力矩与等效舵偏角之间为线性函数关系，则等效舵偏角可由式(6.1)计算：

$$\begin{cases} \delta_\varphi = -K_{\delta\varphi} M_z \\ \delta_\psi = -K_{\delta\psi} M_y \\ \delta_\gamma = -K_{\delta\gamma} M_x \end{cases} \tag{6.1}$$

式中，$K_{\delta\varphi}$、$K_{\delta\psi}$、$K_{\delta\gamma}$ 为可选的正常数，称为舵偏角反演计算参数。

通过上述的分析可知，高超声速飞行器的非线性预测控制系统结构如图 6.2 所示。

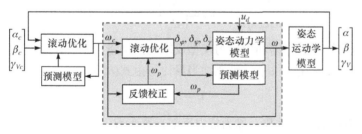

图 6.2　高超声速飞行器非线性预测控制系统结构

6.3　沿弹道飞行控制系统设计

6.3.1　轨迹跟踪制导律设计

为了实现对参考轨迹的实时高精度跟踪，需设计轨迹跟踪制导律。轨迹跟踪制导律主要包括纵向跟踪制导律和侧向跟踪制导律。

1. 速度跟踪制导律

选取飞行速度 v 为被控量,飞行器速度变化率为

$$\dot{v} = -g\sin\theta - \frac{D}{m} + \frac{T}{m}\cos\alpha\cos\beta \tag{6.2}$$

经验证,速度的相对阶分别为 1,因此其滑动函数可取为

$$S_v = v - v_c \tag{6.3}$$

为了能够使 S_v 达到 0,即能够使系统轨迹在有限时间内到达滑动面,可以通过为非线性系统选择适当的控制律,满足如下滑动条件:

$$S_v \dot{S}_v < 0 \tag{6.4}$$

为了使式(6.4)成立,根据趋近律设计思想,可以选取如下等速趋近律:

$$\dot{S}_v = -\varepsilon_v \text{sign}(S_v) \tag{6.5}$$

式中,ε_v 为可选的正常数。

对式(6.3)微分得到速度跟踪制导律为

$$T_c = \frac{1}{\cos\alpha\cos\beta}\Big[-m\varepsilon_v \text{sign}(S_v) + mg\sin\theta + D + m\dot{v}_c\Big] \tag{6.6}$$

式中,T_c 为所需推力。为了抑制抖振,将符号函数 $\text{sign}(S_v)$ 用饱和函数 $\text{sat}\left(\dfrac{S_v}{d_v}\right)$ 代替,于是所需推力改写为

$$T_c = \frac{1}{\cos\alpha\cos\beta}\left[-m\varepsilon_v \text{sat}\left(\frac{S_v}{d_v}\right) + mg\sin\theta + D + m\dot{v}_c\right] \tag{6.7}$$

得到所需推力后还需利用推力模型反求燃油当量比 η。在此假设推力与燃油当量比之间为线性函数关系,则燃油当量比可由式(6.8)计算:

$$\eta = K_\eta T_c \tag{6.8}$$

式中,K_η 为可选的正常数,称为推力反演计算参数。

2. 纵向跟踪制导律

纵向跟踪制导律的主要作用是根据高度和弹道倾角的跟踪误差,通过修正攻角指令实现对高度和弹道倾角的高精度跟踪。

纵向跟踪制导律采用 PD 控制律形式,攻角指令修正量取为

$$\Delta\alpha_c = K_{ap}(h_r - h) + K_{ad}(\theta_r - \theta) \tag{6.9}$$

则攻角指令变为

$$\alpha_c = \alpha_r + \Delta\alpha_c \tag{6.10}$$

式中，h_r 为参考轨迹的高度；θ_r 为参考弹道的弹道倾角；α_r 为参考弹道的攻角。

3. 侧向跟踪制导律

侧向跟踪制导律的主要作用是根据侧向位移的跟踪误差，通过修正倾侧角指令实现对侧向位移的高精度跟踪。

侧向跟踪制导律采用 PD 控制律形式，倾侧角指令修正量取为

$$\Delta \gamma_{Vc} = \text{sign}(\alpha)\left[K_{gp}(z_r - z) + K_{gd}(\dot{z}_r - \dot{z}) \right] \tag{6.11}$$

则倾侧角指令变为

$$\gamma_{Vc} = \gamma_{Vr} + \Delta \gamma_{Vc} \tag{6.12}$$

式中，z_r 为参考轨迹的侧向位移；$\dot{z}_r$ 为侧向位移变化率；γ_{Vr} 为参考倾侧角；$\text{sign}(\alpha)$ 表示攻角的符号函数，这是因为当攻角反号时，升力方向也会反号，相同侧力所需的倾侧角也需反号。

6.3.2 控制系统结构剖析

控制系统主要由轨迹跟踪制导律和姿态控制律两部分组成，其中轨迹跟踪制导律包含速度跟踪制导律、纵向跟踪制导律和侧向跟踪制导律，姿态控制律包括外环预测控制器、内环预测控制器和指令反演算法。通过上述的分析可知，高超声速飞行器的控制系统结构如图 6.3 所示。

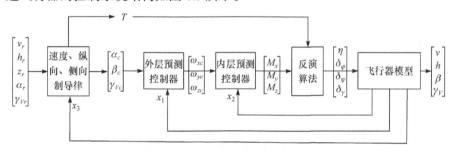

图 6.3 高超声速飞行器的控制系统结构

各部分的主要功能、所用的反馈量及主要设计参数如表 6.2 所示。

表 6.2 控制系统各部分的基本要素

基本要素	轨迹跟踪制导律			姿态控制律		
	速度	纵向	侧向	外环控制器	内环控制器	指令反演
主要功能	根据速度偏差提供所需当量比	根据高度和弹道倾角生成攻角修正指令	根据侧向位移及其变化率生成倾侧角修正指令	根据姿态角指令生成姿态角速度指令	根据姿态角速度指令生成所需控制力矩	由所需控制力矩计算等效舵偏角

基本要素	轨迹跟踪制导律			姿态控制律		
	速度	纵向	侧向	外环控制器	内环控制器	指令反演
反馈量	m、h、v、α、β、η	h、θ	z、v、α、θ、σ	m、h、v、α、β、θ、γ_v、δ_φ、δ_ψ、δ_γ、η	ω_x、ω_y、ω_z、m	无
设计参数	ε_v、d_v、K_η	K_{ap}、K_{ad}	K_{gp}、K_{gd}	ρ_0、r_0、T_p	ρ_1、r_1、T_p	$K_{\delta p}$、$K_{\delta \psi}$、$K_{\delta \gamma}$

各设计参数的调节机制如表 6.3 所示。

表 6.3　各设计参数的调节机制

参数		调节机制
速度跟踪制导律	ε_v	该参数越大，控制器对偏差越敏感，但过大时会引起被控参数的高频振荡
	d_v	该参数越小，控制器对偏差越敏感，但小时会引起被控参数的高频振荡
	K_η	当量比与该参数成正比，该参数过大或过小会引起当量比超限，需进行优化
纵向跟踪制导律	K_{ap}	比例增益越大，控制器对偏差越敏感，但为了防止出现较大的超调量，比例增益不宜过大
	K_{ad}	适宜的微分增益可防止出现较大的超调量
侧向跟踪制导律	K_{gp}	比例增益越大，控制器对偏差越敏感，但为了防止出现较大的超调量，比例增益不宜过大
	K_{gd}	适宜的微分增益可防止出现较大的超调量
预测控制器	ρ_0,ρ_1	由对象模型确定，不能调节
	r_0,r_1	该参数只能取为正整数。该参数越大，控制器的动态响应能力越强，但会引起较大的超调量，一般不宜过大
	T_p	该参数越小，控制器的动态响应能力越强，但会引起较大的超调量。该参数的选取应与对象动态特性相匹配，若对象表现为高动态，则应将其取得小一些，反之则取得大一些
指令反演	$K_{\delta p}$ $K_{\delta \psi}$ $K_{\delta \gamma}$	等效舵偏角与这些参数成正比，这些参数过大或过小会引起舵偏角超限，需进行优化

6.4　沿弹道飞行控制系统仿真

高超声速飞行器的典型飞行过程如图 6.4 所示。

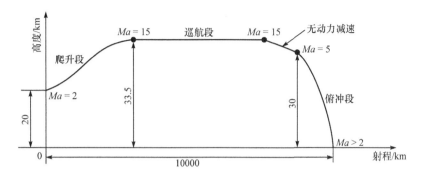

图 6.4　高超声速飞行器典型飞行过程

由图 6.4 可知，高超声速飞行器飞行过程主要包括爬升段、巡航段和俯冲段三个阶段。各飞行阶段的飞行状态不同，所面临的控制问题也不同，通过各飞行阶段的制导控制系统六自由度仿真可有效验证控制方法的适用性。下面将分层预测控制方法与制导算法组成制导控制系统，并通过各飞行阶段的六自由度仿真，分析和验证分层预测控制方法对于高超声速飞行器的适用性，其中爬升段和巡航段采用滑模制导律，俯冲段采用带终端落角约束的最优制导律。

6.4.1　爬升段控制系统仿真

爬升段初始状态如表 6.4 所示。

表 6.4　爬升段初始状态

变量	初值	变量	初值
高度 h/km	20	攻角 α/(°)	0
马赫数 Ma	2	侧滑角 β/(°)	1
质量 m/kg	136080	倾侧角 γ_v/(°)	2

爬升段所考虑的过程约束包括：动压不超过 150kPa；攻角和侧滑角的限制范围分别为 $\alpha \in [-1°, 10°]$、$\beta \in [-2°, 2°]$；过载范围 n_x、n_y、$n_z \in [-10g, 10g]$；侧向位移要求 $z \in [-1\text{km}, 1\text{km}]$。分层预测控制方法的控制参数为：$r_I = 1$，$r_O = 2$，$T_p = 1.5\text{s}$，$\zeta = 0.10$，$K_{\omega c} = 4.5$。

采用分层预测控制方法时爬升段仿真结果对比如图 6.5～图 6.11 所示。

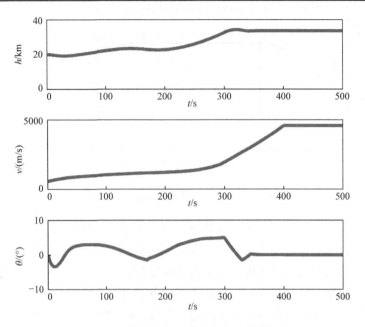

图 6.5　爬升段高度、速度和当地弹道倾角

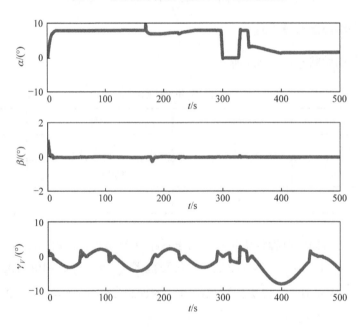

图 6.6　爬升段攻角、侧滑角和倾侧角

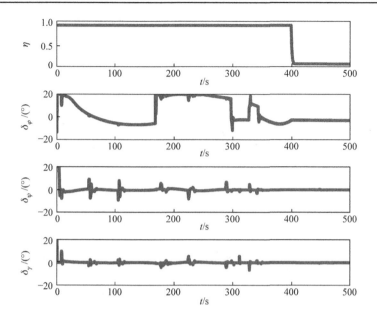

图 6.7 爬升段控制输入量

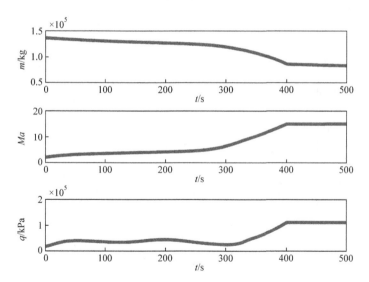

图 6.8 爬升段质量、马赫数和动压

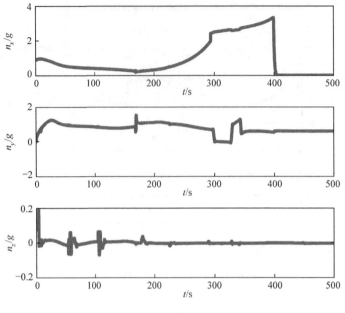

图 6.9　爬升段过载

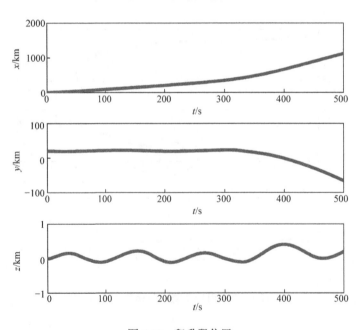

图 6.10　爬升段位置

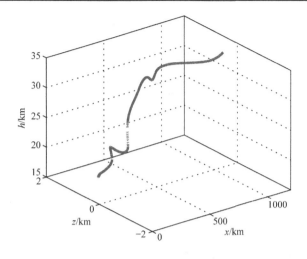

图 6.11　爬升段飞行轨迹

　　由上述仿真结果可知，滑模制导律与分层预测控制方法组成的制导控制系统均较好地实现了稳定爬升过程控制，高度由 20km 逐渐上升至 33.5km，马赫数由 2 增加到 15，到达预定高度和马赫数后可维持等高等速飞行。爬升过程中，动压、攻角、侧滑角、过载、侧向位移等过程约束全部满足。分层预测控制方法均可实现对制导指令(攻角、侧滑角和倾侧角)的良好跟踪，控制量没有超出限幅，且无抖振现象，满足工程应用要求，控制精度如表 6.5 所示。由表中数据可知，分层预测控制方法对制导指令均具有较好的跟踪控制精度，可满足高超声速飞行器爬升段的控制需求。

表 6.5　爬升段分层预测控制方法的控制精度

控制方法	攻角 α /(°)	侧滑角 β /(°)	倾侧角 γ_v /(°)
分层预测控制	0.48	0.054	0.29

　　总体而言，滑模制导律与分层预测控制方法组成的制导控制系统均可满足高超声速飞行器爬升段的控制需求，可较好地完成稳定爬升过程的控制，并实现等高等速巡航飞行，其适用性得到较好的验证。

6.4.2　巡航段控制系统仿真

　　巡航段包含四种典型飞行过程，依次为等高等速巡航、等高变速飞行、等速变高飞行和侧向机动飞行。下面分别针对这四种飞行过程开展制导控制系统六自由度仿真分析，验证控制方法的适用性。仿真中采用的动压、攻角、侧滑角、过载、侧向位移等过程约束及分层预测控制方法的控制参数与爬升段相同。

巡航段初始状态如表 6.6 所示。

表 6.6　巡航段初始状态

变量	初值	变量	初值
高度 h/km	33.5	攻角 α /(°)	0
马赫数 Ma	15	侧滑角 β /(°)	1
质量 m/kg	80000	倾侧角 γ_v /(°)	2

1. 等高等速巡航时控制系统仿真

等高等速巡航状态指令为 $h_0 = h_c = 33.5\text{km}, Ma_0 = Ma_c = 15$，采用分层预测控制方法时等高等速过程的仿真结果如图 6.12～图 6.17 所示。

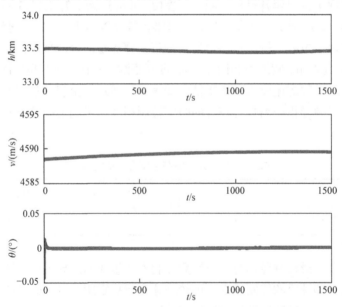

图 6.12　等高等速巡航时的高度、速度和当地弹道倾角

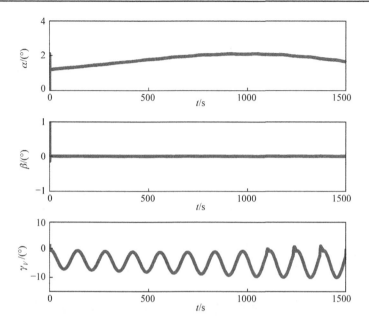

图 6.13　等高等速巡航时的攻角、侧滑角和倾侧角

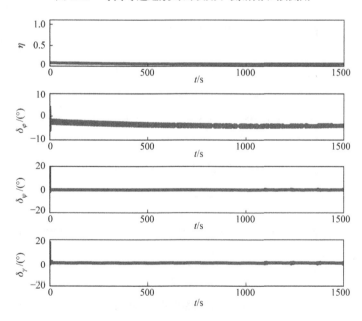

图 6.14　等高等速巡航时的控制输入量

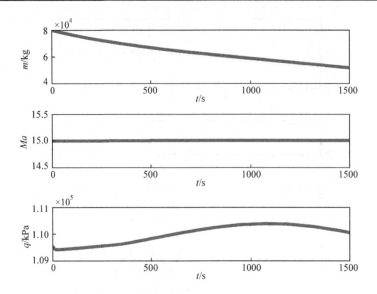

图 6.15　等高等速巡航时的质量、马赫数和动压

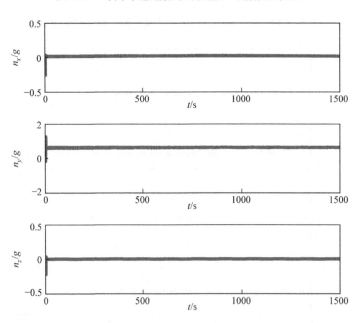

图 6.16　等高等速巡航时的过载

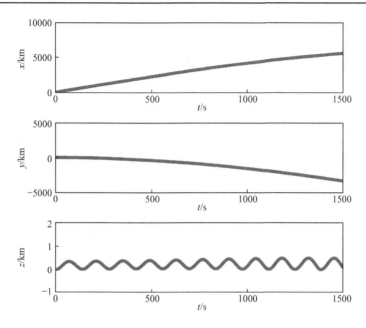

图 6.17　等高等速巡航时的位置

由上述仿真结果可知，滑模制导律与分层预测控制方法组成的制导控制系统均较好地实现了等高等速巡航飞行过程控制，高度和马赫数基本保持不变。飞行过程中动压、攻角、侧滑角、过载、侧向位移等过程约束全部满足。分层预测控制方法可实现对制导指令(攻角、侧滑角和倾侧角)的良好跟踪，控制量没有超出限幅，且无抖振现象，满足工程应用要求，控制精度如表 6.7 所示。由表中数据可知，分层预测控制方法对制导指令具有较好的跟踪控制精度。

表 6.7　等高等速巡航时分层预测控制方法的控制精度

控制方法	攻角 α /(°)	侧滑角 β /(°)	倾侧角 γ_V /(°)
分层预测控制	0.10	0.020	0.042

2. 等高变速飞行时控制系统仿真

等高变速飞行过程包括等高加速和等高减速两种情况，下面以等高加速过程为例开展仿真分析。飞行器在初始时刻处于巡航状态，即 $h_0 = 33.5\text{km}$, $Ma_0 = 15$，机动指令为 $h_c = 33.5\text{km}$, $Ma_c = 15.5$，采用分层预测控制方法时等高加速过程的仿真结果如图 6.18～图 6.23 所示。

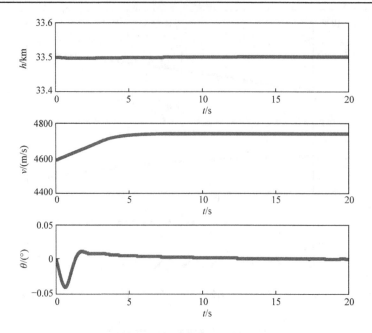

图 6.18　等高加速飞行时的高度、速度和当地弹道倾角

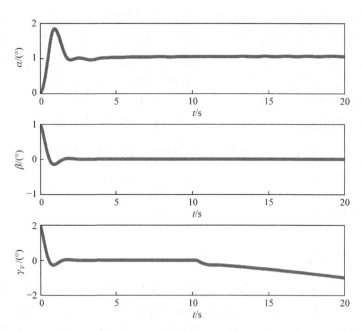

图 6.19　等高加速飞行时的攻角、侧滑角和倾侧角

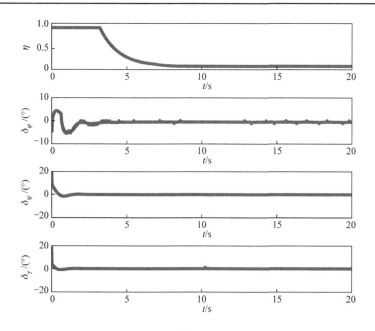

图 6.20　等高加速飞行时的控制输入量

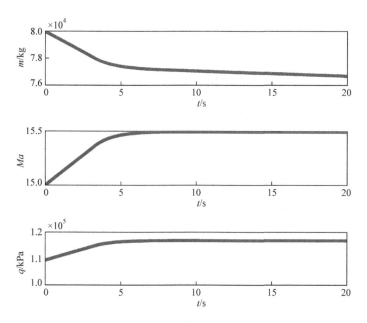

图 6.21　等高加速飞行时的质量、马赫数和动压

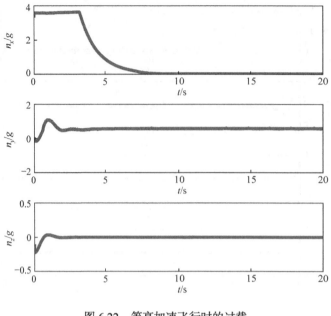

图 6.22　等高加速飞行时的过载

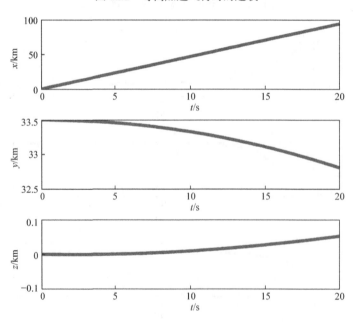

图 6.23　等高加速飞行时的位置

由上述仿真结果可知，滑模制导律与分层预测控制方法组成的制导控制系统均较好地实现了等高加速飞行过程的控制，马赫数迅速增加到 15.5，同时高度保持不变。飞行过程中动压、攻角、侧滑角、过载、侧向位移等过程约束全部满足。分层预测控制方法可实现对制导指令(攻角、侧滑角和倾侧角)的良好跟踪，控制量没有超出限幅，且无抖振现象，满足工程应用要求，控制精度如表 6.8 所示。由表中数据可知，分层预测控制方法对制导指令具有较好的跟踪控制精度。

表 6.8　等高加速飞行时分层预测控制方法的控制精度对比表

控制方法	攻角 α /(°)	侧滑角 β /(°)	倾侧角 γ_V /(°)
分层预测控制	0.12	0.11	0.21

3. 等速变高飞行时控制系统仿真

等速变高飞行过程包括等速爬升和等速降高两种情况，下面以等速爬升过程为例开展仿真分析。飞行器在初始时刻处于巡航状态，即 $h_0 = 33.5\text{km}$, $Ma_0 = 15$，机动指令为 $h_c = 34\text{km}$, $Ma_c = 15$，采用分层预测控制方法时等速爬升过程的仿真结果如图 6.24～图 6.29 所示。

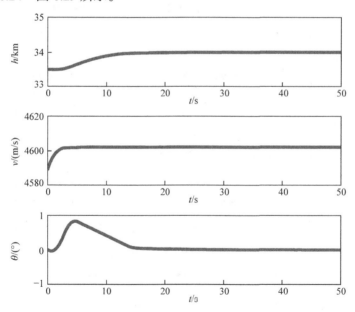

图 6.24　等速爬升飞行高飞行时的高度、速度和当地弹道倾角

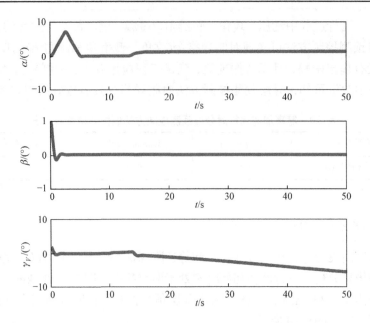

图 6.25　等速爬升飞行时的攻角、侧滑角和倾侧角

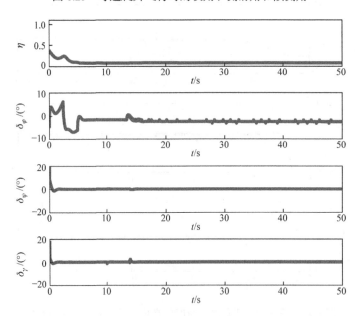

图 6.26　等速爬升飞行时的控制输入量

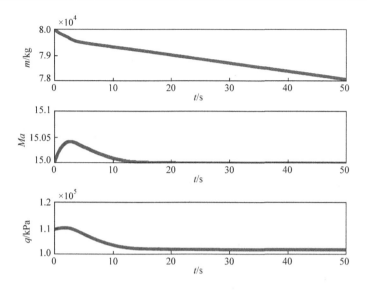

图 6.27　等速爬升飞行时的质量、马赫数和动压

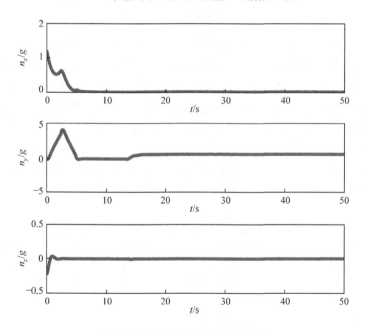

图 6.28　等速爬升飞行时的过载

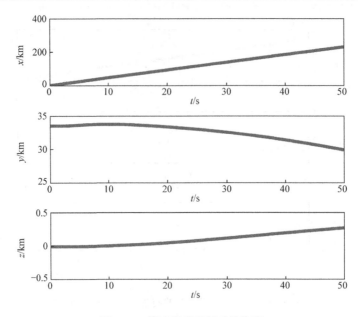

图 6.29 等速爬升飞行时的位置

由上述仿真结果可知,滑模制导律与分层预测控制方法组成的制导控制系统均较好地实现了等速爬升飞行过程的控制,高度迅速升高并保持在 34km,同时马赫数保持不变。由于高度的变化引起声速的变化,因此,在保持马赫数不变的同时速度的大小发生了小幅改变。飞行过程中动压、攻角、侧滑角、过载、侧向位移等过程约束全部满足。分层预测控制方法可实现对制导指令(攻角、侧滑角和倾侧角)的良好跟踪,控制量没有超出限幅,且无抖振现象,满足工程应用要求,控制精度如表 6.9 所示。由表中数据可知,分层预测控制方法对制导指令具有较好的跟踪控制精度。

表 6.9 等速爬升飞行时分层预测控制方法的控制精度

控制方法	攻角 α /(°)	侧滑角 β /(°)	倾侧角 γ_V /(°)
分层预测控制	0.20	0.071	0.15

4. 侧向机动飞行时控制系统仿真

高超声速飞行器在执行任务过程中,可能遇到目标点调整或飞行区域规避等情况,需进行大范围侧向机动,且同时保持等高等速状态。飞行器在初始时刻处于巡航状态,即 $h_0 = 33.5\text{km}$, $Ma_0 = 15$,且 $z_0 = 0$,侧向机动过程为先向侧向机动 5km,并维持一段时间,再恢复到 0 附近,即当 $0 \leqslant t < 80\text{s}$ 时, $z_c = 5\text{km}$;当 $t \geqslant$

80s 时，$z_c = 0$。同时需保持等高等速飞行，即 $h_c = 33.5\text{km}, Ma_c = 15$。采用分层预测控制方法时侧向机动飞行过程的仿真结果如图 6.30～图 6.35 所示。

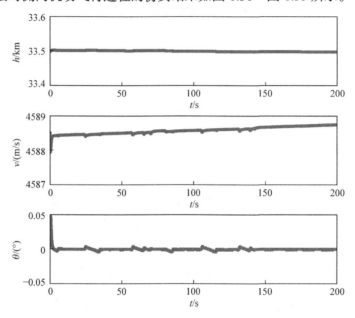

图 6.30 侧向机动飞行时的高度、速度和当地弹道倾角

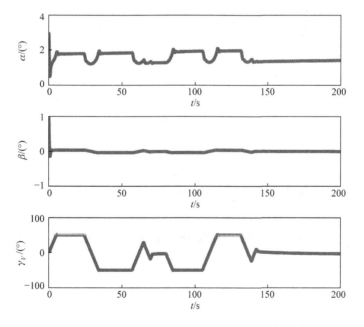

图 6.31 侧向机动飞行时的攻角、侧滑角和倾侧角

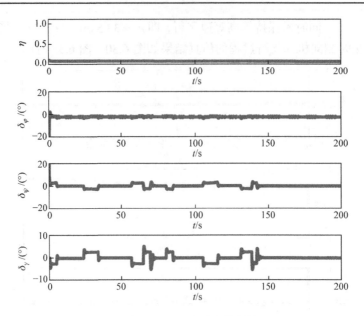

图 6.32　侧向机动飞行时的控制输入量

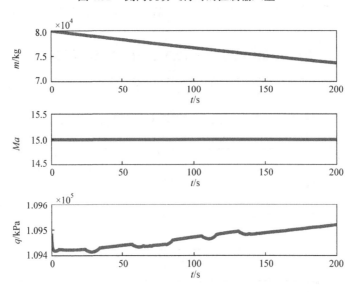

图 6.33　侧向机动飞行时的质量、马赫数和动压

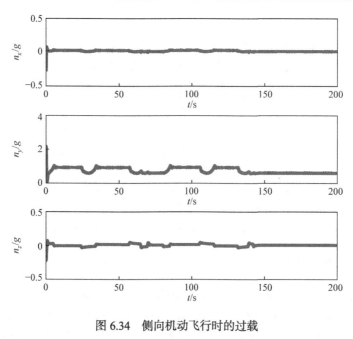

图 6.34　侧向机动飞行时的过载

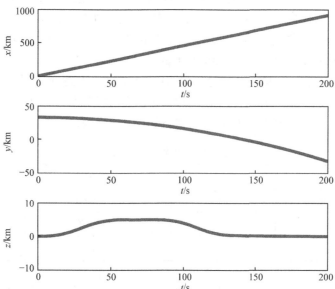

图 6.35　侧向机动飞行时的位置

由上述仿真结果可知，滑模制导律与分层预测控制方法组成的制导控制系统均较好地实现了大范围侧向机动飞行过程的控制，同时保持高度和马赫数基本不变。飞行过程中动压、攻角、侧滑角、过载等过程约束全部满足。分层预测控制方法可实现对制导指令(攻角、侧滑角和倾侧角)的良好跟踪，控制量没有超出限幅，且无抖振现象，满足工程应用要求，控制精度如表 6.10 所示。由表中数据可知，分层预测控制方法对制导指令具有较好的跟踪控制精度。

表 6.10　侧向机动飞行时分层预测控制方法的控制精度

控制方法	攻角 α /(°)	侧滑角 β /(°)	倾侧角 γ_v /(°)
分层预测控制	0.099	0.044	1.12

综上可知，滑模制导律与分层预测控制方法组成的制导控制系统均可较好地完成对巡航段等高等速、等高变速、等速变高和侧向机动等飞行过程的稳定控制，对实时制导指令具有良好的跟踪控制性能，控制精度相差不大。

6.4.3　俯冲段控制系统仿真

飞行器在俯冲段采用 BTT 无动力滑翔飞行方式，具有高动压和大机动的特点，飞行器运动状态快速变化，环境不确定性的影响较强，对控制系统快速性、鲁棒性等提出较高要求。同时，为了实现快速下压，还需将倾侧角由 0° 调整为 180°，使升力方向向下，以提供更大的下压力。倾侧角调整过程中转动角速度较大，将引起较大的耦合侧滑角，增加了控制的难度。因此，俯冲段的制导控制系统六自由度仿真更能考核控制系统的性能。

为了满足动压、过载、热流等过程约束，在俯冲下压之前需进行无动力减速。无动力减速过程一般采用程序攻角飞行，机动性和控制难度较小，在此不考虑这一段的控制。俯冲段仿真分析的初始状态如表 6.11 所示。

表 6.11　俯冲段初始状态

变量	初值	变量	初值
高度 h/km	30	攻角 α /(°)	5
马赫数 Ma	5	侧滑角 β /(°)	0
质量 m/kg	63504	倾侧角 γ_v /(°)	0

俯冲段的过程约束包括：动压不超过 1000kPa；攻角和侧滑角的限制范围分别为 $\alpha \in [-1°, 10°]$、$\beta \in [-4°, 4°]$；过载范围 n_x、n_y、$n_z \in [-20g, 20g]$；侧向位移 $z \in [-5km, 5km]$。同时，需满足终端约束，即终端弹道倾角 $\theta_t \in [-90°, -50°]$。

分层预测控制方法的控制参数与爬升段相同。采用分层预测控制方法时俯冲段仿真结果如图 6.36～图 6.41 所示。

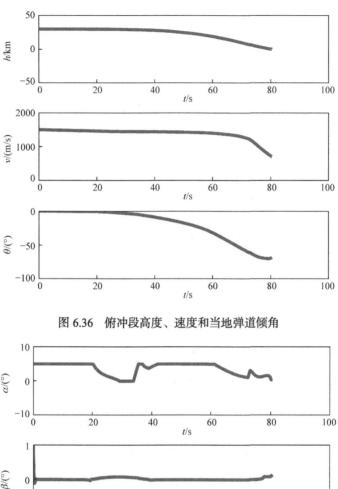

图 6.36　俯冲段高度、速度和当地弹道倾角

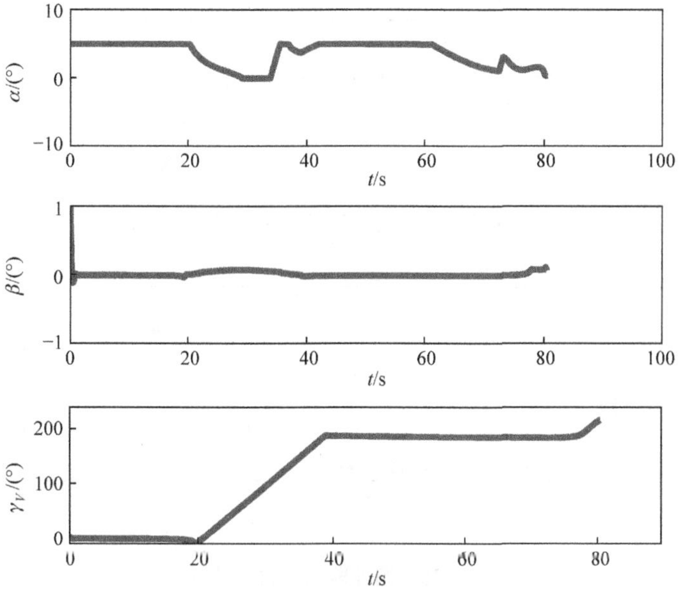

图 6.37　俯冲段攻角、侧滑角和倾侧角

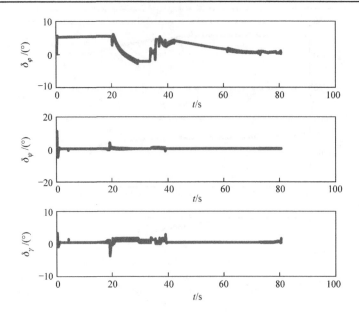

图 6.38　俯冲段控制输入量

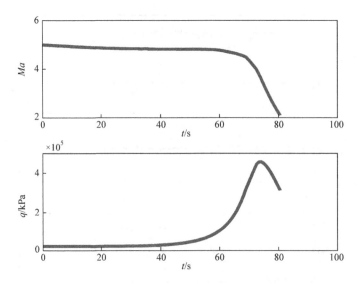

图 6.39　俯冲段马赫数和动压

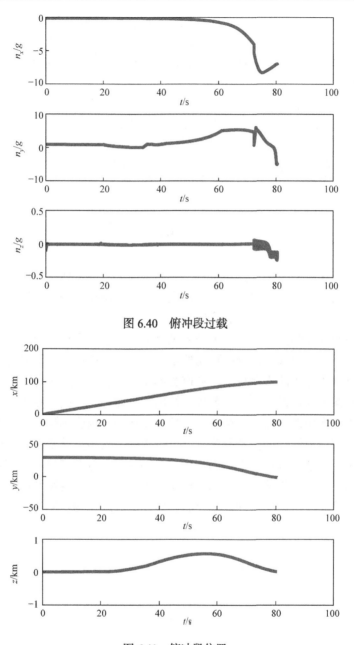

图 6.40　俯冲段过载

图 6.41　俯冲段位置

由上述仿真结果可知，最优制导律与分层预测控制方法组成的制导控制系统均较好地实现了俯冲段飞行过程控制，过程约束全部满足，终端弹道倾角为−69°，也满足要求。分层预测控制方法较好地实现了对俯冲段实时制导指令(攻角、侧滑角和倾侧角)的跟踪控制,并实现了对倾侧角翻转过程的较好控制,体现出良好的控制性能。分层预测控制方法的控制精度如表 6.12 所示。由表中数据可知,分层预测控制方法对制导指令均具有较好的跟踪控制精度,可满足高超声速飞行器俯冲段的控制需求。

表 6.12　俯冲段分层预测控制方法的控制精度

控制方法	攻角 α /(°)	侧滑角 β /(°)	倾侧角 γ_v /(°)
分层预测控制	0.078	0.049	0.54

6.5　本 章 小 结

本章针对高超声速飞行器快时变、强非线性、不确定性的特点,采用非线性最优预测控制方法提出了适应高超声速飞行器的分层预测控制方法,并通过理论分析和仿真计算证明了分层预测控制方法的有效性。首先,针对高超声速飞行器三通道姿态运动控制问题,提出了分层预测控制方法,详细给出了其原理以及设计步骤;然后,为深入分析分层预测控制方法对高超声速飞行器的适用性,针对爬升段、巡航段和俯冲段存在的沿弹道关键技术问题,开展了针对性的控制系统设计,通过深入剖析设计的控制系统,给出了各控制参数的选取规则,提高了控制方法的工程实用性;最后,在各种参数偏差和干扰组合影响下,针对爬升段、巡航段和俯冲段分别开展仿真研究,飞行过程中,攻角及其变化率、侧滑角、倾侧角、动压、过载等过程约束全部满足,终端约束也全部满足。控制量未超出限幅,没有出现严重的抖振现象,飞行控制系统具有良好的控制性能,可实现对高超声速飞行器典型飞行运动的良好控制,验证了分层预测控制方法对于高超声速飞行器的适用性。

第7章　高超声速飞行器全弹道控制系统仿真

为充分研究预测控制方法对高超声速飞行器的适用性，需要在尽可能贴近实际的飞行条件下，开展全弹道控制系统仿真测试研究，以验证控制系统的性能。本章针对选定的仿真情形，验证所提出的预测控制方法在高超声速飞行器爬升段、巡航段、俯冲段全程的控制系统是否具有良好的动态品质特性，且具有一定程度的鲁棒性。

7.1　测　试　弹　道

7.1.1　标称弹道

为了进行仿真测试与评估，首先需要设计标称弹道。采用第 6 章设计的标称弹道，同时为了测试侧向机动跟踪能力，在巡航段加入侧向蛇形机动。

高超声速飞行器从爬升到俯冲飞行全程所受的弹道约束条件如表 7.1～表 7.4 所示[142]。

表 7.1　初始状态约束

序号	变量	变量名称	约束范围
1	v	飞行速度	2Ma
2	h	飞行海拔	20km

表 7.2　爬升段状态约束

序号	变量	变量名称	约束范围
1	α	攻角	$-1°\sim10°$
2	β	侧滑角	$-2°\sim2°$
3	q	动压	$\leqslant150\text{kPa}$
4	z	侧向位移	$-1\sim1\text{km}$
5	n_x	体轴纵向过载	$-10g\sim10g$
6	n_y	体轴法向过载	$-10g\sim10g$
7	n_z	体轴侧向过载	$-10g\sim10g$

表 7.3　巡航段状态约束

序号	变量	变量名称	约束范围
1	α	攻角	$-1°\sim10°$
2	β	侧滑角	$-2°\sim2°$
3	z	侧向位移	$-1\sim1\text{km}$
4	n_x	体轴纵向过载	$-10g\sim10g$
5	n_y	体轴法向过载	$-10g\sim10g$
6	n_z	体轴侧向过载	$-10g\sim10g$

表 7.4　俯冲段状态约束

序号	变量	变量名称	约束范围
1	α	攻角	$-1°\sim10°$
2	β	侧滑角	$-4°\sim4°$
3	q	动压	$\leqslant1500\text{kPa}$
4	n_x	体轴纵向过载	$-20g\sim20g$
5	n_y	体轴法向过载	$-20g\sim20g$
6	n_z	体轴侧向过载	$-20g\sim20g$
7	α_f	落地点攻角	$-1°\sim10°$
8	β_f	落地点侧滑角	$-4°\sim4°$
9	θ_f	落地点弹道倾角	$-90°\sim-50°$
10	z	侧向位移	$-5\sim5\text{km}$

　　设计标称弹道使高超声速飞行器从 20km 的高度爬升到 33.5km，速度由 3.15 马赫加速到 15 马赫，并在此状态进行巡航飞行与侧向蛇形机动，直至发动机燃料完全消耗殆尽；发动机关机之后飞行器进入等高减速阶段，直至降到 7 马赫；随后飞行器攻角在 5s 内减小到 1°，飞行器在 20s 内完成 BTT 体制下翻转 180°；之后飞行器进入俯冲段；为了便于考察飞行器的控制性能，还将在俯冲段进行侧向机动。

　　标称弹道设计如图 7.1～图 7.6 所示。

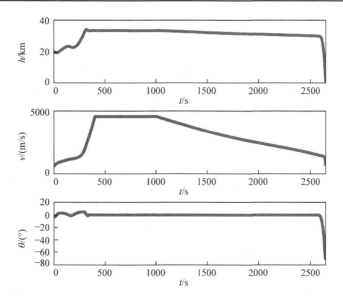

图 7.1 标称弹道高度、速度和当地弹道倾角

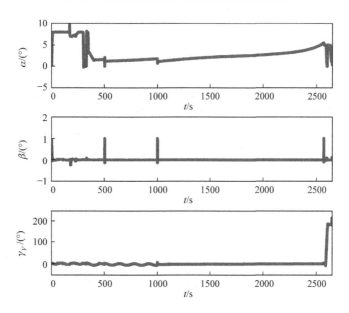

图 7.2 标称弹道攻角、侧滑角和倾侧角

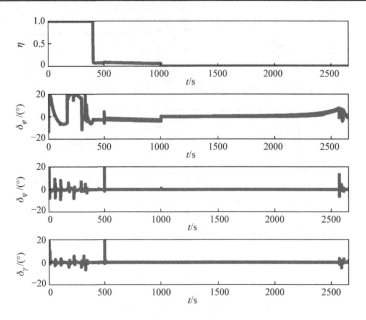

图 7.3　标称弹道控制输入量

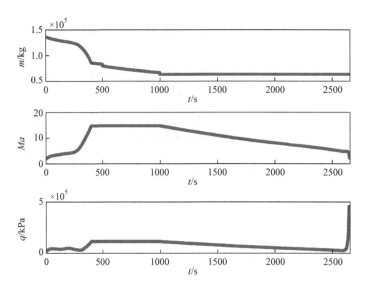

图 7.4　标称弹道质量、马赫数和动压

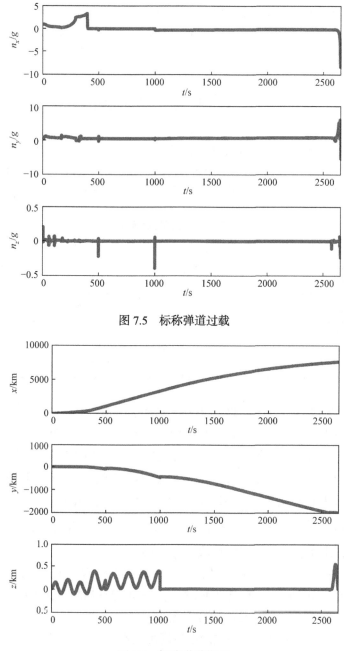

图 7.5　标称弹道过载

图 7.6　标称弹道位置

7.1.2　拉偏弹道

本章选择两种拉偏弹道进行控制系统设计的鲁棒性验证。由于飞行器气动力参数不确定性一般只影响制导轨迹，而气动力矩不确定性则会影响控制性能。在这里我们只考虑两种气动参数极限拉偏的情形，即俯仰力矩系数、偏航力矩系数和滚动力矩系数拉偏 30% 和 –30%。

7.2　标称弹道控制系统仿真

本节采用轨迹跟踪制导律和非线性预测控制方法，在标称条件下开展各种飞行过程的控制系统仿真分析，同时考虑攻角、侧滑角、动压、过载等过程约束和执行机构实际特性，以验证控制系统的性能。仿真初始条件如表 7.5 所示。

表 7.5　仿真初始条件

变量	数值	变量	数值
速度 v_0 /(m/s)	590	马赫数 Ma_0	2
高度 h_0 /km	20	质量 m/kg	136820
弹道倾角 θ_0 /(°)	0	攻角 α_0 /(°)	0
侧滑角 β_0 /(°)	1	倾侧角 γ_{v0} /(°)	2

过程约束主要包括：攻角 $\alpha \in [-4°, 8°]$ 且 $|\dot{\alpha}| \leqslant 3°/s$(发动机工作时)；$\alpha \in [-8°, 8°]$(发动机不工作时)；侧滑角 $\beta \in [-4°, 4°]$；滚动角 $\gamma \in [-45°, 45°]$；动压 $q \in [30\text{kPa}, 120\text{kPa}]$（爬升段和巡航段），$q < 800\text{kPa}$（俯冲段）；过载 $n_x \in [-15g,\ 5g]$，$n_y \in [-13.5g,\ 13.5g]$，$n_z \in [-13.5g,\ 13.5g]$。执行机构的限幅范围为：$\delta_\varphi \in [-20°, 20°]$，$\delta_\psi \in [-20°, 20°]$，$\delta_\gamma \in [-10°, 10°]$。

终端约束包括：终端弹道倾角 $\theta_t \in [-90°, -70°]$，终端攻角 $\alpha_t \in [-1°, 1°]$，终端侧滑角 $\beta_t \in [-1°, 1°]$，终端马赫数 $Ma_t \geqslant 1.5$。

在标称条件下，全飞行过程的仿真结果如图 7.7～图 7.12 所示。

由仿真结果可知，在标称条件下，控制系统可保证高超声速飞行器全程稳定飞行，可保证高超声速飞行器良好的姿态控制和稳定，同时满足动压、过载、攻角、侧滑角、倾侧角等过程约束，终端约束也满足技术指标要求。另外，燃油当量比和舵偏角均在其各自的限制范围之内。由此可见，非线性预测控制器对高超声速飞行器具有较好的适用性，控制性能满足系统总体性能要求。

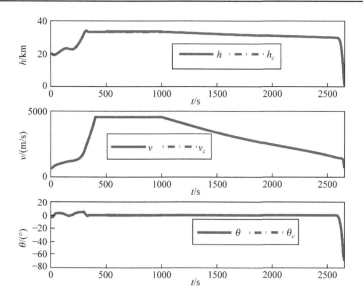

图 7.7 标称条件下高度、速度和当地弹道倾角的控制效果

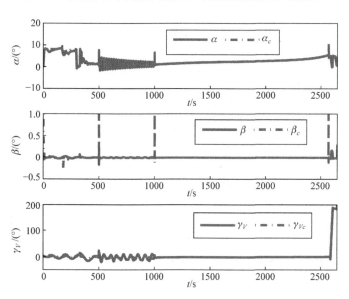

图 7.8 标称条件下攻角、侧滑角和倾侧角的控制效果

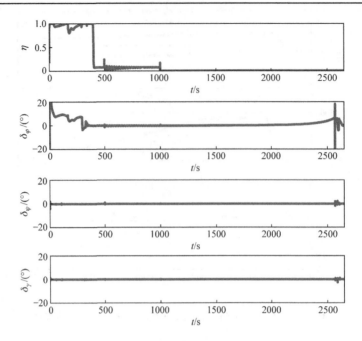

图 7.9 标称条件下的控制输入量

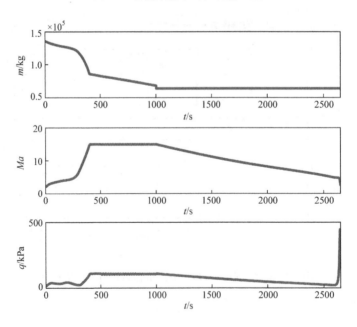

图 7.10 标称条件下的质量、马赫数和动压

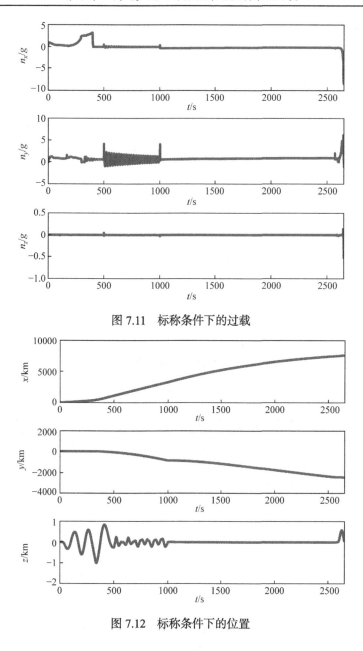

图 7.11　标称条件下的过载

图 7.12　标称条件下的位置

7.3　拉偏弹道控制系统仿真

7.3.1　拉偏情形一

拉偏情形一中，俯仰力矩系数、偏航力矩系数和滚动力矩系数拉偏 30%。拉偏情形一条件下全飞行过程的仿真结果如图 7.13～图 7.18 所示。

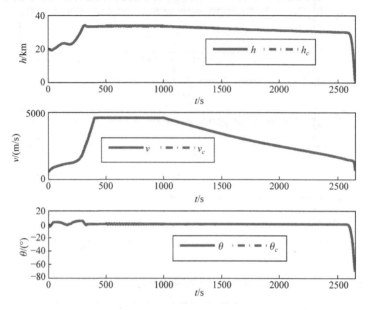

图 7.13　高度、速度和当地弹道倾角(拉偏情形一)

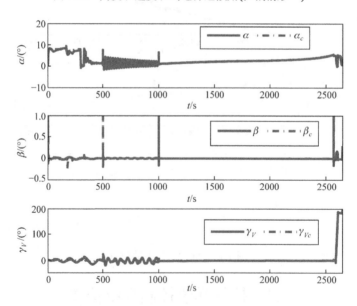

图 7.14　攻角、侧滑角和倾侧角(拉偏情形一)

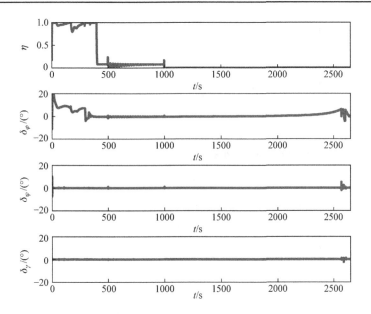

图 7.15　控制输入量(拉偏情形一)

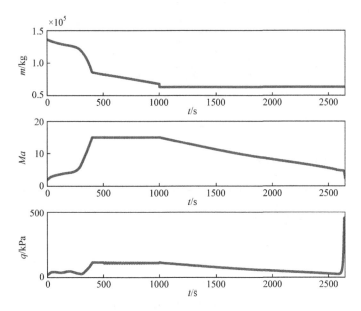

图 7.16　质量、马赫数和动压(拉偏情形一)

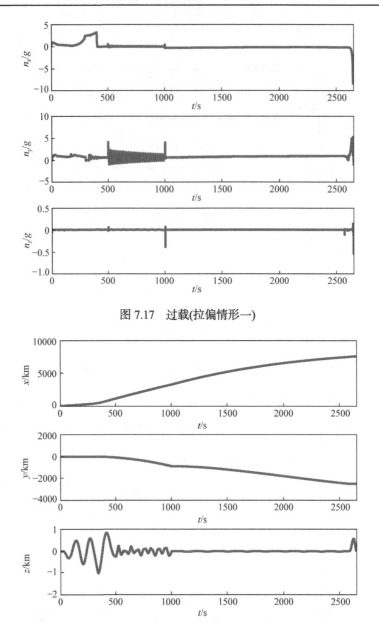

图 7.17　过载(拉偏情形一)

图 7.18　位置(拉偏情形一)

由仿真结果可知,在拉偏情形一条件下,控制系统可保证高超声速飞行器全程稳定飞行,可保证高超声速飞行器良好的姿态控制和稳定,同时满足动压、过载、攻角、侧滑角、倾侧角等过程约束,终端约束也满足技术指标要求。另外,燃油当量比和舵偏角均在其各自的限制范围之内。由此可见,非线性预测控制器对拉偏情形一的参数偏差具有良好的鲁棒性，控制性能满足系统总体性能要求。

7.3.2　拉偏情形二

拉偏情形二中，俯仰力矩系数、偏航力矩系数和滚动力矩系数拉偏–30%。拉偏情形二条件下全飞行过程的仿真结果如图 7.19～图 7.24 所示。

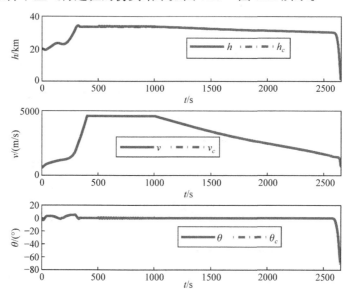

图 7.19　高度、速度和当地弹道倾角(拉偏情形二)

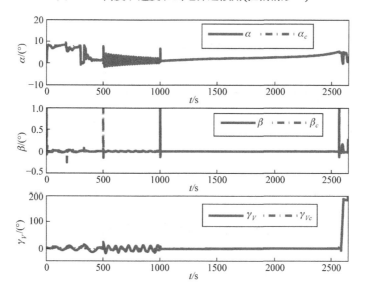

图 7.20　攻角、侧滑角和倾侧角(拉偏情形二)

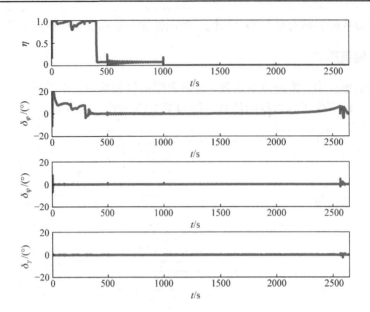

图 7.21 控制输入量(拉偏情形二)

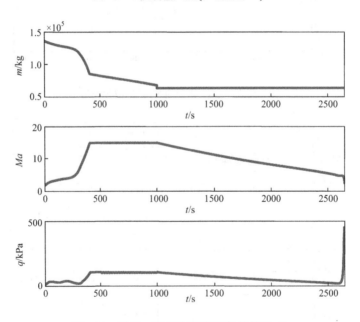

图 7.22 质量、马赫数和动压(拉偏情形二)

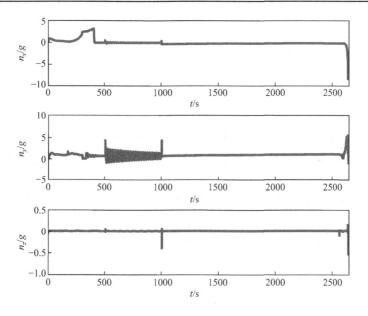

图 7.23　过载(拉偏情形二)

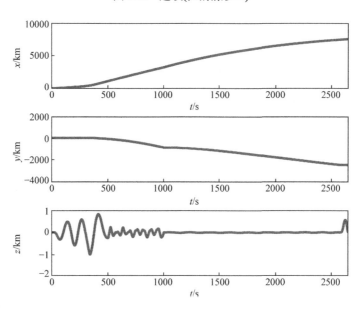

图 7.24　位置(拉偏情形二)

由仿真结果可知，在拉偏情形二条件下，控制系统可保证高超声速飞行器全程稳定飞行，可保证高超声速飞行器良好的姿态控制和稳定，同时满足动压、过载、攻角、侧滑角、倾侧角等过程约束，终端约束也满足技术指标要求。另外，燃油当量比和舵偏角均在其各自的限制范围之内。由此可见,非线性预测控制器对拉偏情形二的参数偏差和外界干扰具有良好的鲁棒性,控制性能满足系统总体性能要求。

7.4　本章小结

本章在全弹道飞行条件下对所设计预测控制方法的适用性开展了深入研究。在标称条件以及不确定条件下分别开展了全弹道飞行过程的控制系统仿真分析,同时考虑攻角、侧滑角、倾侧角、动压、过载等过程约束以及弹道倾角、攻角、侧滑角和马赫数等终端约束。另外,综合考虑执行机构的实际特性,仿真结果表明,预测控制方法实现了高超声速飞行器全程飞行过程的稳定控制,爬升段和巡航段的弹道跟踪性能较好,且满足相关约束条件,说明预测控制方法对高超声速飞行器具有良好的适用性。

第8章 总结与展望

8.1 总　　结

预测控制是在自适应控制基础上发展起来的一类基于模型的新型控制理论，是通过在未来时段(即预测时域)上优化过程输出来计算最佳输入序列的一类算法，具有实现简单、对模型要求低、在线计算简便、算法鲁棒性强、控制性能好等优点，已有广泛应用。预测控制一般包括预测模型、滚动优化和反馈校正三部分，控制思路是：在当前时刻，基于动态模型预测未来一定时域内每个采样周期的输出，按照基于反馈校正的某个优化目标函数计算当前及未来一定时域的控制量，保证未来输出实现对期望值的最优跟踪；至下一时刻，根据新测量数据按上述步骤重新计算控制量。预测控制采用滚动优化策略，可以有效地克服模型失配、时变、干扰等引起的不确定性，并及时进行弥补，始终把新的优化建立在对象实际状态的基础上，使控制输入保持实际上的最优。因此，预测控制方法可较好地适应对象快时变、强非线性和不确定性的特点。综合来看，预测控制具有以下几点优势：

(1) 对模型要求低。

预测控制是一种基于模型的控制算法，这一模型称为预测模型。预测模型是开展预测控制方法研究的基础，其功能就是能根据对象的历史信息和未来输入预测其未来输出。与传统基于模型的控制算法相比，预测控制具有对模型要求低的优势，它打破了传统控制中对模型结构的严格要求，只注重预测模型的功能，而不限制模型的具体形式，可根据功能要求按最方便的途径建立模型。只要是具有预测功能的信息集合，无论其有什么样的表现形式，如状态方程、传递函数、阶跃响应、脉冲响应等均可作为预测模型。

(2) 可实现系统的最优控制。

滚动优化是预测控制区别于其他控制方法的明显特征。预测控制是通过某一性能指标的最优来确定未来控制输入的。该性能指标一般需包含对象的未来行为，通常可取为未来一定时域内对象输出跟踪误差的方差最小，也可取为更广泛的形式，如要求控制能量最小且同时保持输出在某一给定范围内等。同时，预测控制中的优化不是采用一个不变的全局优化目标，而是采用滚动式的有限时域优化策略。在每一采样时刻，优化性能指标只涉及从该时刻到未来有限的时域，由预测控制滚动优化确定的未来控制序列也不全作用于对象，只有控制序列的第一个控制量作用于对象；而到下一采样时刻，优化时域也同时向前推移，最优控制量也相应更新。因此，预测控制在每一采样时刻都有一个相对于该时刻的优化性能指标，不同时刻优化性能指标的形式是相同的，但其所包含的时域是不同的。在预测控制中，优化不是一次离线完成的，而是反复在线进行的，这就是滚动优化的含义。虽然这种有限时域的优化在理想情况下只能得到全局的次优解，但优化的滚动实施过程却能估计由模型失配、时变、干扰等引起的不确定性，及时进行弥补，始终把新的优化建立在对象实际状态的基础上，可使控制输入保持实际上的最优。对于高超声速飞行器，模型失配、时变、干扰、不确定性等是不可避免的，因此，滚动优化策略可实现其最优控制。

(3) 鲁棒性强。

反馈校正是使预测控制对偏差、干扰等不确定因素具有鲁棒性的关键所在，也是保证控制系统稳定的基础。预测控制算法在进行滚动优化时，是以预测模型的输出作为基础和依据的，但由于实际系统中存在参数偏差、模型失配、干扰等因素，预测模型的输出不可能与系统实际状态完全相符，滚动优化的性能将受到较大影响。因此，需要采用附加的预测手段补充模型预测的不足，或对预测模型进行在线修正，即通过反馈校正克服不确定性因素的影响，提高控制系统的整体性能。由此可见，滚动优化只有建立在反馈校正的基础上，才能体现出其优越性。反馈校正的形式是多样的，可以在保证预测模型不变的基础上，对未来的误差做出预测并加以补偿，也可以根据在线辨识的原理直接修改预测模型。无论采取何种校正形式，预测控制都把优化建立在系统实际状态的基础上，并试图在优化时对系统未来的动态行为做出较准确的预测。

(4) 计算量小。

预测控制的滚动优化需要在线迭代求解，一般而言计算量较大，繁重的计算负担限制了非线性预测控制在实时控制工程中的应用。多模型与分层预测控制方法针对一类仿射型非线性系统的最优控制问题，采用具有解析形式的非线性预测控制算法，即通过对输出量和控制量进行泰勒级数展开，由性能指标最优的必要条件得到了非线性预测控制解析形式的最优控制量，从而使计算量大幅度减小，可以满足高超声速飞行器快速性的要求。

(5) 分层设计思想有助于提高控制系统整体性能。

本书的预测控制方法采用分层设计思想，将高超声速飞行器姿态运动数学模型分为姿态动力学模型(内环)和姿态运动学模型(外环)，并分别设计内、外环控制器。基于分层设计思想，可将相对阶为 2 的系统分解为两个相对阶为 1 的系统，系统相对阶的降低有利于开展控制律设计，有助于提高系统的动态响应速度和提高控制系统的整体性能。

8.2　展　　望

　　预测控制在解决高超声速飞行器快时变、强非线性和不确定性的控制问题中表现出良好的适用性，已成为高超声速飞行器可选控制方法之一。但传统预测控制的计算量一般较大，难以满足高超声速飞行器快速性的要求；同时，如何提高预测控制系统的动态响应能力、控制精度及鲁棒性均值得深入研究，而目前关于这些问题的研究较少。下一步可从高超声速飞行器的控制难点问题出发，深入开展具有针对性的研究，在传统预测控制方法的基础上进行改进，以增强预测控制方法对于高超声速飞行器的适用性。

参 考 文 献

[1] 沈海军, 程凯, 杨莉. 近空间飞行器. 北京: 航空工业出版社, 2011.

[2] Ley W. Rockets Missiles and Men in Space. New York: Viking Press, 1968.

[3] Sänger E, Hartmut E S, Alexandre D. From the Silverbird to Interstellar Voyages. The 54th International Astronautical Congress of the International Astronautical Federation, the International Academy of Astronatics, and the International Institute of Space Law, Bremen, 2003. IAA.2.4.a.07.

[4] Sänger E. Raketen-Flugtechnik. Berlin: R. Oldenbourg, 1933.

[5] Sänger E, Bredt J. A Rocket Drive for Long Range Bombers. Deutsche Luftfahrt- forschung UM-3538, 1944.

[6] 凌云. "美利坚"轰炸机项目（下）Ho-XVIII飞翼轰炸机与"银鸟"空天轰炸机. 国际展望, 2006, (8): 64-69.

[7] 觯发瑜, 李刚, 徐忠昌. 高超声速飞行器概念及发展动态. 飞航导弹, 2004, (5): 27-31.

[8] Mikoyan MiG 105 Spira1&50-50. http://www.deepcold.com/deep cold/spiral_main. html, 2001.

[9] Waldman B J, Harsha P T. The first year of teaming — A progress report. AIAA Paper 91-5008, 1995.

[10] Voland R T, Huebner L D, McClinton C R. X-43 Hypersonic vehicle technology development. Paper IAC-05-D2.6.01, 2005.

[11] Rogers R C, Shih A T, Hass N E. Scramjet development tests supporting the mach 10 flight of the X-43. AIAA Paper 2005-3351, 2005.

[12] 沈剑, 王伟. 国外高超声速飞行器研制计划. 飞航导弹, 2006, (8): 1-9.

[13] 陈英硕, 叶蕾, 苏鑫鑫. 国外吸气式高超声速飞行器发展现状. 飞航导弹, 2008, (12): 25-32.

[14] 闫杰, 于云峰, 凡永华. 吸气式高超声速飞行器控制技术. 西安: 西北工业大学出版社, 2015.

[15] 李惠峰. 高超声速飞行器制导与控制技术. 北京: 中国宇航出版社, 2012.

[16] 孙长银, 穆朝絮, 张瑞民. 高超声速飞行器终端滑模控制技术. 北京: 科学出版社, 2014.

[17] 吴森堂. 飞行控制系统. 北京: 北京航空航天大学出版社, 2013.

[18] 杨保华. 航天器制导、导航与控制. 北京: 中国科学技术出版社, 2011.

[19] Peebles C. Road to Mach 10: Lessons Learned from the X-43A Flight Research Program. Reston: Library of Flight Series, AIAA, 2008.

[20] Duan G R, Yu H H, Tan F. Parametric control systems design with applications in missile control. Science in China Series F: Information Sciences, 2009, 52(11): 2190-2200.

[21] Tan F, Hou M Z, Zhao H H. Autopilot design for homing missiles considering guidance loop dynamics. The 2nd International Conference on Intelligent Control and Information Processing, Harbin, 2011: 1-5.

[22] 穆向禹, 周荻, 段广仁. BTT 导弹的抖动抑制多模型切换控制. 航空学报, 2002, 23(3): 268-271.

[23] Sun H, Li S, Sun C. Robust adaptive integral-sliding-mode fault-tolerant control for airbreathing hypersonic vehicles. Proceedings of the Institution of Mechanical Engineers, Part I: Journal of Systems and Control Engineering, 2012, 226(10): 1344-1355.

[24] 段广仁, 王好谦. 多模型切换控制及其在 BTT 导弹设计中的应用. 航空学报, 2005, 26(2): 144-147.

[25] 段广仁, 王好谦, 张焕水. 平滑切换控制律的参数化设计及其在倾斜转弯导弹中的应用. 航天控制, 2005, 23(2): 41-46.

[26] Duan G R, Tan F. A new smooth switching strategy for mlulti-model control and its application on a BTT missile. The 1st International Symposium on Systems and Control in Aerospace and Astronautics, Harbin, 2006: 1392-1395.

[27] 郭巍, 谭峰, 段广仁. 增益调度设计的参数化方法及其在导弹控制系统中的应用. 黑龙江大学自然科学学报, 2009, 26(1): 55-59.

[28] 段广仁, 谭峰, 梁冰. 高速再入飞行器的鲁棒自动驾驶仪设计. 系统工程与电子技术, 2007, 29(11): 1908-1911.

[29] 谭峰, 段广仁, 梁冰. 高速再入导弹滚动通道抗扰设计的参数化方法. 哈尔滨工业大学学报, 2007, 39(5): 696-699, 796.

[30] 魏毅寅, 梁冰, 谭峰, 等. 导弹俯仰通道制导与控制一体化设计. 黑龙江大学自然科学学报, 2007, 24(4): 430-434.

[31] 梁冰, 徐殿国, 段广仁. 导弹俯仰通道带有落角约束的制导与控制一体化设计. 科学技术与工程, 2008, 8(1): 70-75.

[32] Duan G R, Zhong Z. Parametric autopilot design for an air-breathing hypersonic vehicle. International Conference on Control and Automation (ICCA), Xiamen, 2010: 52-57.

[33] 蔡光斌, 段广仁, 胡昌华, 等. Robust parametric approach for tracking control of an airbreathing hypersonic cruise vehicle. 哈尔滨工业大学学报: 英文版, 2010, 17(1): 58-64.

[34] Huang Y, Xu K K, Han J Q, et al. Flight control design using extended state observer and non-smooth feedback. Proceedings of the 40th IEEE Conference on Decision and Control, Taipei, 2001:223-228.

[35] Xu H J, Mirmirani M. Robust adaptive sliding control for a class of MIMO nonlinear systems. AIAA Guidance, Navigation and Control Conference and Exhibit, Montreal, 2001.

[36] Xu H J, Mirmirani M D, Ioannou P A. Adaptive sliding mode control design for a hypersonic flight vehicle. Journal of Guidance, Control and Dynamics, 2004, 27(5): 829-838.

[37] Ahn C I, Kim Y, Kim H. Adaptive sliding mode controller design for fault tolerant flight control system. AIAA Guidance, Navigation, and Control Conference and Exhibit, Keystone, 2006.

[38] 杨俊春, 胡军, 吕孝乐. 高超声速飞行器再入段滑模跟踪控制设计. 第 26 届中国控制会议, 张家界, 2007: 2-5.

[39] Lee K, Ramasamy S, Singh S. Adaptive sliding mode 3-D trajectory control of F/A-18 model via SDU decomposition. AIAA Guidance, Navigation and Control Conference and Exhibit, Honolulu, 2008.

[40] 黄国勇, 姜长生, 王玉惠. 基于快速模糊干扰观测器的 UASV 再入 Terminal 滑模控制. 宇航学报, 2007, 28(2): 292-297.

[41] 黄国勇, 姜长生, 王玉惠. 自适应 Terminal 滑模控制及其在 UASV 再入中的应用. 控制与决策, 2007, 22(11): 1297-1301.

[42] 黄国勇, 姜长生, 薛雅丽. 新型自适应 Terminal 滑模控制及其应用. 航空动力学报, 2008, 23(1): 156-162.

[43] 黄国勇, 姜长生, 王玉惠. 基于自适应 Terminal 滑模的空天飞行器再入控制. 系统工程与电子技术, 2008, 30(2): 304-307.

[44] Shtessel Y, Tournes C H. Integrated higher-order sliding mode guidance and autopilot for dual-control missiles. Journal of Guidance, Control, and Dynamics, 2009, 32(1): 79-94.

[45] 李惠峰, 孙文冲. 基于指数趋近律的高超声速飞行器滑模控制器设计. 空间控制技术与应用, 2009, 35(4): 39-43.

[46] 张军, 姜长生. 基于复杂干扰估计的高速 NSV 鲁棒自适应模糊 Terminal 滑模控制. 宇航学报, 2009, 30(5): 1896-1901.

[47] 张军, 姜长生, 文杰. 近空间飞行器的 DSF: vsat 鲁棒快速 Terminal 滑模控制. 西安交通大学学报, 2009, 43(3): 110-115.

[48] Wang T, Xie W F, Zhang Y M. Adaptive sliding mode fault tolerant control of civil aircraft with separated uncertainties. The 48th AIAA Aerospace Sciences Meeting Including the New Horizons Forum and Aerospace Exposition, Orlando, 2010.

[49] Stott J, Shtessel Y. Launch vehicle attitude control using higher order sliding modes. AIAA Guidance, Navigation, and Control Conference, Toronto, 2010.

[50] Harl N, Balakrishnan S N. Reentry terminal guidance through sliding mode control. Journal of Guidance, Control, and Dynamics, 2010, 33(1): 186-199.

[51] 蒲明, 吴庆宪, 姜长生, 等. 基于非线性干扰观测器的二阶动态 Terminal 滑模在近空间飞行器控制中的应用. 东南大学学报(自然科学版), 2009, 39(s1): 68-75.

[52] 蒲明, 吴庆宪, 姜长生, 等. 基于二阶动态 Terminal 滑模的近空间飞行器控制. 宇航学报, 2010, 31(4): 1056-1062.

[53] 蒲明, 吴庆宪, 姜长生, 等. 自适应二阶动态 Terminal 滑模在近空间飞行器控制中的应用. 航空动力学报, 2010, 25(5): 1169-1176.

[54] 蒲明, 吴庆宪, 姜长生, 等. 新型快速 Terminal 滑模及其在近空间飞行器上的应用. 航空学报, 2011, 32(7): 1283-1291.

[55] 朱纪立, 刘向东, 王亮, 等. 巡航段高超声速飞行器的高阶指数时变滑模飞行控制器设计. 宇航学报, 2011, 32 (9): 1945-1952.

[56] 王亮, 刘向东, 盛永智, 等. 基于指数时变滑模的再入飞行器控制系统设计. 飞行力学, 2012, 30(6): 532-536.

[57] 王亮, 刘向东, 盛永智, 等. 基于扰动观测器的指数时变滑模再入姿态控制. 中国空间科学技术, 2013, 33(4): 31-39.

[58] 王亮, 刘向东, 盛永智, 等. 基于扰动观测器的巡航飞行器指数时变滑模控制. 宇航学报, 2013, 34(8): 1091-1099.

[59] 耿洁, 刘向东, 王亮. 高超声速飞行器的动态滑模飞行控制器设计. 兵工学报, 2012, 32(3):

307-312.

[60] Wang L, Sheng Y Z, Liu X D. SDRE based adaptive optimal sliding mode control for re-entry vehicle. Proceedings of the 32nd Chinese Control Conference, Xi'an, 2013: 435-440.

[61] 耿洁, 刘向东, 盛永智,等. 飞行器再入段最优自适应积分滑模姿态控制. 宇航学报, 2013, 34(9): 1215-1223.

[62] Geng J, Sheng Y Z, Liu X D. Second-order time-varying sliding mode control for reentry vehicle. International Journal of Intelligent Computing & Cybernetics, 2013, 6(3): 272-295.

[63] Geng J, Sheng Y Z, Liu X D, et al. The SDRE based second order integral sliding mode control for attitude of reentry vehicle. Proceedings of the 32nd Chinese Control Conference, Xi'an, 2013: 441-446.

[64] Geng J, Sheng Y Z, Liu X D. Finite-time sliding mode attitude control for a reentry vehicle with blended aerodynamic surfaces and a reaction control system. Chinese Journal of Aeronautics, 2014, 27(4): 964-976.

[65] 王亮, 刘向东, 盛永智. 基于高阶滑模观测器的自适应时变滑模再入姿态控制. 控制与决策, 2014, 29(2): 281-286.

[66] Wang L, Sheng Y Z, Liu X D. Continuous time-varying sliding mode based attitude control for reentry vehicle. Proceedings of the Institution of Mechanical Engineers, Part G: Journal of Aerospace Engineering, 2014, 229(2): 197-220.

[67] Wang L, Sheng Y Z, Liu X D. High-order sliding mode attitude controller design for reentry flight. Journal of Systems Engineering & Electronics, 2014, 5(5): 848-858.

[68] Zhao Y, Sheng Y Z, Liu X D. Sliding mode control based guidance law with impact angle constraint. Chinese Journal of Aeronautics, 2014, 27 (1): 145-152.

[69] Zhao Y, Chen J, Sheng Y Z. Terminal impact angle constrained guidance laws using state-dependent Riccati equation approach. Proceedings of the Institution of Mechanical Engineers, Part G: Journal of Aerospace Engineering, 2014, 229(9): 1616-1630.

[70] Zhao Y, Sheng Y Z, Liu X D. Unpowered landing guidance with large initial condition errors. Proceedings of the IEEE Chinese Guidance, Navigation and Control Conference, Yantai, 2014: 1862-1867.

[71] 徐颖珊, 孙明玮. 自抗扰控制在飞航导弹上的应用背景研究. 战术导弹控制技术, 2008, 30(2): 8-11.

[72] Sun M W, Chen Z Q, Yuan Z Z. A practical solution to some problems in flight control. Proceedings of the 48th IEEE Conference on Decision and Control Held Jointly with 28th Chinese Control Conference, Shanghai, 2009: 1482-1487.

[73] Sun M W, Wang Z H, Chen Z Q. Practical solution to attitude control within wide envelope. Aircraft Engineering and Aerospace Technology, 2014, 86(2): 117-128.

[74] Talole S E, Godbole A A, Kolhe J P. Robust roll autopilot design for tactical missiles. Journal of Guidance, Control, and Dynamics, 2011, 34(1): 107-117.

[75] Godbole A A, Libin T R, Talole S E. Extended state observer-based robust pitch autopilot design for tactical missiles. Proceedings of the Institution Mechanical Enineers, Part G: Journal of Aerospace Engineering, 2012, 226(12): 1482-1501.

[76] Priyamvada K S, Olikal V, Talole S E, et al. Robust height control system design for sea-skimming missiles. Journal of Guidance, Control, and Dynamics, 2011, 34(6): 1746-1756.

[77] 孙明玮, 徐琦, 陈增强, 等. 自抗扰三回路过载驾驶仪的设计. 北京理工大学学报, 2015, 35(6): 592-596.

[78] 杨瑞光, 孙明玮, 陈增强. 飞行器自抗扰姿态控制优化与仿真研究. 系统仿真学报, 2010, 22(11): 2689-2693.

[79] 陈新龙, 杨涤, 耿斌斌. 自抗扰控制技术在某型导弹上的应用. 飞行力学, 2006, 24(1): 81-84.

[80] 熊治国, 孙秀霞, 胡孟权. 超机动飞机自抗扰控制律设计与仿真. 系统仿真学报, 2006, 18(8): 2222-2226.

[81] 宋志国. 高超声速飞行器自抗扰姿态控制研究[博士学位论文]. 哈尔滨: 哈尔滨工业大学, 2011.

[82] 秦昌茂. 高超声速飞行器分数阶 PID 及自抗扰控制研究[博士学位论文]. 哈尔滨: 哈尔滨工业大学, 2011.

[83] 秦昌茂, 齐乃明, 朱凯. 高超声速飞行器自抗扰姿态控制器设计. 系统工程与电子技术, 2011, 33(7): 1607-1610.

[84] 孙明玮, 焦纲领, 杨瑞光, 等. 滑翔飞行器阻力-能量剖面的自抗扰跟踪. 第 29 届中国控制会议, 北京, 2010: 3260-3264.

[85] Li S L, Yang X, Yang D. Active disturbance rejection control for high pointing accuracy and rotation speed. Automatica, 2009, 45(8): 1854-1860.

[86] Sun M W, Wang Z H, Wang Y K, et al. On low-velocity compensation of brushless DC servo in the absence of friction model. IEEE Transactions on Industrial Electronics, 2013, 60(9): 3897-3905.

[87] Wang Y K, Sun M W, Wang Z H, et al. A novel disturbance-observer based friction compensation scheme for ball and plate system. ISA Transactions, 2014, 53(2): 671-678.

[88] Qiu D M, Sun M W, Wang Z H, et al. Practical wind-disturbance rejection for large deep space observatory antenna. IEEE Transactions on Control Systems Technology, 2014, 22(5): 1983-1990.

[89] 孙明玮, 焦纲领, 杨瑞光, 等. 自抗扰控制在飞行器控制与制导上的应用与分析: 不同时间尺度问题的摸索. 第 29 届中国控制会议, 北京, 2010: 6167-6172.

[90] Zheng Q, Gao L Q, Gao Z Q. On stability analysis of active disturbance rejection control for nonlinear time-varying plants with unknown dynamics. The 46th IEEE Conference on Decision and Control, New Orleans, 2007: 3501-3506.

[91] Guo B Z, Zhao Z L. On the convergence of extended state observer for nonlinear systems with uncertainty. System & Control Letters, 2011, 60(6): 420-430.

[92] Guo B Z, Zhao Z L. On convergence of nonlinear extended state observer for MIMO systems with uncertainty. IET Control Theory and Applications, 2012, 6(15): 2375-2386.

[93] Zheng Q, Gao L Q, Gao Z Q. On validation of extended state observer through analysis and experimentation. Journal of Dynamic Systems, Measurement, and Control, 2012, 134(2): 024505.

[94] Guo B Z, Zhao Z L. On convergence of non-linear extended state observer for multi-input multi-output systems with uncertainty. IET Control Theory & Applications, 2012, 6(15): 2375-2386.

[95] Zhao Z L, Guo B Z. On convergence of the nonlinear active disturbance rejection control for

MIMO systems. SIAM Journal of Control and Optimization, 2013, 51: 1727-1757.

[96] 陈增强, 孙明玮, 杨瑞光. 线性自抗扰控制器的稳定性研究. 自动化学报, 2013, 39(5): 574-580.

[97] 徐琦, 孙明玮, 陈增强, 等. 内模控制框架下时延系统扩张状态观测器参数整定. 控制理论与应用, 2013, 30(12): 1642-1645.

[98] Li H F, Sun W C, Li Z Y, et al. Index approach law based sliding control for a hypersonic aircraft. The 2nd International Symposium on Systems ang Control in Aerospace and Astronautics, Shenzhen, 2008.

[99] 刘燕斌, 陆宇平. 基于反步法的高超音速飞机纵向逆飞行控制. 控制与决策, 2007, 22(3): 313-317.

[100] Xue Y L, Jiang C S. Trajectory linearization control of an aerospace vehicle based on RBF neural network. Journal of Systems Engineering and Electronics, 2008, 19(4): 799-805.

[101] Wang Y H, Wu Q X, Jiang C S, et al. Guaranteed cost fuzzy output feedback control via LMI method for re-entry attitude dynamics. Journal of Uncertain Systems, 2007, 1(4): 291-302.

[102] Richalet J, Rault A, Testud J L, et al. Model predictive heuristic control: Applications to industrial processes. Automatica, 1978, 14(5): 413-428.

[103] Cutler C R, Ramaker B L. Dynamic matrix control-a computer control algorithm. Proceedings of the Automatic Control Conference, San Francisco, 1980.

[104] Rouhani R, Mehra R K. Model algorithm control(MAC): Basic theoretical properties. Automatica, 1982, 18(4): 401-414.

[105] Clarke D W, Monhtadl C, Tuffs P S. Generalized predictive control. Automatica, 1987, 23(2): 137-162.

[106] 张日东. 非线性预测控制及应用研究[博士学位论文]. 杭州: 浙江大学, 2007.

[107] Li N, Li S Y, Xi Y G. Multiple model predictive control for MIMO system. Acta Automatica Sinica, 2003, 29(4): 516-523.

[108] 张军, 肖余之, 毕贞法. 基于多模型预测的再入飞行器制导方法. 航空学报, 2008, 29(增): 20-25.

[109] Kurtz M J, Henson M A. Input-output linearizing control of constrained nonlinear processes. Journal of Process Control, 1997, 7(1): 3-17.

[110] 许志, 唐硕, 原树兴. 反馈线性化及模型预测方法的 RLV 再入控制策略. 火力与指挥控制, 2011, 36(2): 144-147, 151.

[111] Zhu X F. Nonlinear predictive control based on Hammerstein models. Control Theory & Application, 1994, 11(5): 564-575.

[112] Doyle F J, Ogunnaike B A, Pearson R K. Nonlinear model-based control using second-order Volterra models. Automatica, 1995, 31(5): 697-714.

[113] Ania L C, Osvaldo E, Agamennoni J L. A nonlinear model predictive control system based on Wiener piecewise linear models. Journal of Process Control, 2003, 13(7): 655-666.

[114] Sarimveis H, Bafas G. Fuzzy model predictive control of non-linear processes using genetic algorithms. Fuzzy Sets and Systems, 2003, 139(1): 59-80.

[115] 方炜, 姜长生. 基于自适应模糊系统的空天飞行器非线性预测控制. 航空学报, 2008,

29(4): 988-994.

[116] Miguel A B, Ton J J, Van D B. Predictive control based on neural network models with I/O feedback linearization. International Journal of Control, 1999, 72(17): 1358-1554.

[117] Bao Z J, Sun Y X. Support vector machine-based multi-model predictive control. Journal of Control Theory and Applications, 2008, 6(3): 305-310.

[118] Chen W H, Ballance D J, Gawthrop P J. Brief optimal control of nonlinear systems: A predictive control approach. Automatica, 2003, 39(4): 633-641.

[119] 修观, 王良明. 远程制导炮弹非线性模型预测控制器设计. 弹道学报, 2011, 23(2): 28-32.

[120] 修观, 王良明. 制导炮弹姿态非线性模型预测控制仿真分析. 南京理工大学学报(自然科学版), 2011, 35(1): 66-71.

[121] 修观, 王良明, 郭志强. 一种滑翔增程弹非线性模型预测控制方法. 南京理工大学学报(自然科学版), 2011, 35(5): 604-609.

[122] 程路, 姜长生, 都延丽, 等. 一类不确定系统基于滑模干扰补偿的广义预测控制. 控制理论与应用, 2010, 27(2): 175-180.

[123] 程路, 姜长生, 都延丽, 等. 基于滑模干扰观测器的近空间飞行器非线性广义预测控制. 宇航学报, 2010, 31(2): 423-431.

[124] Recasens J J, Chu Q P, Mulder J A. Robust model predictive control of a feedback linearized system for a lifting-body re-entry vehicle. AIAA Guidance, Navigation, and Control Conference and Exhibit, San Francisco, 2005.

[125] Richards A, How J P. Implementation of robust decentralized model predictive control. AIAA Guidance, Navigation, and Control Conference and Exhibit, San Francisco, 2005.

[126] Slegers N, Kyle J, Costello M. Nonlinear model predictive control technique for unmanned air vehicles. Journal of Guidance, Control, and Dynamics, 2006, 29(5): 1179-1188.

[127] Oort E R, Chu Q P, Mulder J A, et al. Robust model predictive control of a feedback linearized nonlinear F-16/MATV aircraft model. AIAA Guidance, Navigation, and Control Conference and Exhibit, Keystone, 2006.

[128] 方炜, 姜长生, 朱亮. 空天飞行器再入制导的预测控制. 宇航学报, 2006, 27(6): 1216-1222.

[129] 方炜, 姜长生. 空天飞行器再入过程姿态预测控制律设计. 系统工程与电子技术, 2007, 29(8): 1317-1321.

[130] Vaddi S S, Sengupta P. Controller design for hypersonic vehicles accommodating nonlinear state and control constraints. AIAA Guidance, Navigation and Control Conference, Chicago, 2009.

[131] 邵晓巍, 张军, 牛云涛. 高超飞行器的非线性预测姿态控制. 弹道学报, 2009, 21(4): 42-46.

[132] 李正强, 张怡哲, 邓建华, 等. 基于模型预测控制的非线性飞行控制系统研究. 飞行力学, 2009, 27(1): 27-30.

[133] Du Y L, Wu Q X, Jiang C S. Adaptive predictive control of near-space vehicle using functional link network. Transactions of Nanjing University of Aeronautics & Astronautics, 2010, 27(2): 148-154.

[134] Cheng L, Jiang C S, Pu M. Online-SVR-compensated nonlinear generalized predictive control for hypersonic vehicles. Science in China Information Science, 2011, 54(3): 551-562.

[135] 程路, 姜长生, 文杰. 近空间飞行器飞/推一体化模糊自适应广义预测控制. 系统工程与

电子技术, 2011, 33(1): 127-133.

[136] Wang P, Liu L H, Wu J. Nonlinear hierarchy-structured predictive control system design for hypersonic flight vehicle. Applied Mechanics and Materials, 2012, 232: 194-199.

[137] Wang P, Tang G J, Liu L H, et al. Nonlinear hierarchy- structured predictive control design for a generic hypersonic vehicle. Science China Technological Sciences, 2013, 56(8): 2025-2036.

[138] Sahjendra N S, Marc S, Robert D D. Nonlinear predictive control of feedback linearizable systems and flight control system design. Journal of Guidance, Control and Dynamics, 1995, 18(5): 1023-1028.

[139] Cheng X L, Wang P, Liu L H, et al. Predictive sliding mode control using feedback linearization for hypersonic vehicle. Procedia Engineering, 2015, 99: 1076-1081.

[140] Cheng X L, Tang G J, Wang P, et al. Predictive sliding mode control for attitude tracking of hypersonic vehicles based on fuzzy disturbance observer. Mathematical Problems in Engineering, 2015, 1: 1-13.

[141] 段广仁. 线性系统理论. 哈尔滨: 哈尔滨工业大学出版社, 2004.

[142] 王鹏. 高超声速巡航飞行器姿态控制方法研究[博士学位论文]. 长沙: 国防科技大学, 2013.

$$
C_{L0} = \begin{cases}
\begin{aligned}
& 1.9920 \times 10^{-1} + 2.3402 \times 10^{-1} \cdot Ma + 3.8202 \times 10^{-2} \cdot \alpha \\
& + (-2.4626) \times 10^{-3} \cdot Ma \cdot \alpha + (-6.4872) \times 10^{-1} \cdot Ma^2 + (-6.9523) \times 10^{-3} \cdot \alpha^2 \\
& + 3.9121 \times 10^{-1} \cdot Ma^3 + 1.0295 \times 10^{-3} \cdot \alpha^3 + (-1.0521) \times 10^{-4} \cdot Ma^2 \cdot \alpha^2 \\
& + (-9.1356) \times 10^{-2} \cdot Ma^4 + (-5.7398) \times 10^{-5} \cdot \alpha^4 + 7.4089 \times 10^{-3} \cdot Ma^5 \\
& + 1.0934 \times 10^{-6} \cdot \alpha^5 + 2.1241 \times 10^{-7} \cdot Ma^2 \cdot \alpha^4 + 4.5735 \times 10^{-6} \cdot Ma^4 \cdot \alpha^2 \\
& + (-9.5825) \times 10^{-9} \cdot Ma^4 \cdot \alpha^4, \quad 1.25 < Ma \leqslant 4.0 \\[6pt]
& -8.19 \times 10^{-2} + 4.70 \times 10^{-2} \cdot Ma + 1.86 \times 10^{-2} \cdot \alpha + (-4.73) \times 10^{-4} \cdot Ma \cdot \alpha \\
& + (-9.19) \times 10^{-3} \cdot Ma^2 + (-1.52) \times 10^{-4} \cdot \alpha^2 + 7.74 \times 10^{-4} \cdot Ma^3 \\
& + 4.08 \times 10^{-6} \cdot \alpha^3 + 5.99 \times 10^{-7} \cdot Ma^2 \cdot \alpha^2 + (-2.93) \times 10^{-5} \cdot Ma^4 \\
& + (-3.91) \times 10^{-7} \cdot \alpha^4 + 4.12 \times 10^{-7} \cdot Ma^5 + 1.30 \times 10^{-8} \cdot \alpha^5, \quad Ma > 4.0
\end{aligned}
\end{cases}
\tag{1}
$$

$$
C_{L\delta a} = \begin{cases}
\begin{aligned}
& -3.3093 \times 10^{-5} \cdot \alpha \cdot \delta_a + (-1.4287) \times 10^{-4} \cdot Ma \cdot \delta_a + 6.1071 \times 10^{-4} \cdot Ma \cdot \alpha \cdot \delta_a \\
& + 2.7242 \times 10^{-4} \cdot \delta_a^2 + (-6.3863) \times 10^{-6} \cdot Ma^2 \cdot \delta_a^2 + 3.4060 \times 10^{-7} \cdot \alpha^2 \cdot \delta_a^2 \\
& + (-9.1890) \times 10^{-8} \cdot Ma^2 \alpha^2 \delta_a^2 + 3.8067 \times 10^{-6} \delta_a^3 + 2.3165 \times 10^{-11} Ma^3 \alpha^3 \delta_a^3 \\
& + 1.4092 \times 10^{-4} \cdot \alpha^3 + (-6.5093) \times 10^{-6} \cdot Ma^2 \cdot \alpha^2 + (-1.0680) \times 10^{-3} \cdot Ma^4 \\
& + (-2.1893) \times 10^{-5} \cdot \alpha^4 + 2.6056 \times 10^{-4} \cdot Ma^5 + 9.2099 \times 10^{-7} \cdot \alpha^5 \\
& + (-3.7716) \times 10^{-7} \cdot \delta_a^4 + 7.906 \times 10^{-14} \cdot Ma^4 \cdot \alpha^4 \cdot \delta_a^4 + (-8.5345) \times 10^{-9} \cdot \delta_a^5 \\
& + (-2.5698) \times 10^{-17} \cdot Ma^5 \cdot \alpha^5 \cdot \delta_a^5, \quad 1.25 < Ma \leqslant 4.0 \\[6pt]
& -1.45 \times 10^{-5} + 7.10 \times 10^{-6} \cdot Ma + 1.01 \times 10^{-4} \cdot \alpha \\
& + (-4.14) \times 10^{-4} \cdot \delta_a + (-3.51) \times 10^{-6} \cdot \alpha \cdot \delta_a + 8.72 \times 10^{-6} \cdot Ma \cdot \delta_a \\
& + (1.70) \times 10^{-7} \cdot Ma \cdot \alpha \cdot \delta_a, \quad Ma > 4.0
\end{aligned}
\end{cases}
\tag{2}
$$

$$
C_{L\delta e} = C_{L\delta a}
\tag{3}
$$

$$
C_{D0} = \begin{cases}
\begin{aligned}
& -8.2073\times10^{-2} + (-9.1273)\times10^{-2}\cdot C_{L0} + 2.1845\times10^{-1}\cdot Ma \\
& +3.2202\times10^{-2}\cdot Ma\cdot C_{L0} + (-1.3680)\times10^{-1}\cdot Ma^2 + 1.6325\cdot C_{L0}^2 \\
& +5.7526\times10^{-2}\cdot Ma^2\cdot C_{L0}^2 + 3.8791\times10^{-2}\cdot Ma^3 + (-1.1575)\cdot C_{L0}^3 \\
& +(-2.402)\times10^{-1}\cdot Ma^3\cdot C_{L0}^3 + (-5.2527)\times10^{-3}\cdot Ma^4 + (-8.5306)\cdot C_{L0}^4 \\
& +3.5543\times10^{-1}\cdot Ma^4\cdot C_{L0}^4 + 2.7435\times10^{-4}\cdot Ma^5 + 17.259\cdot C_{L0}^5 \\
& +(-1.4983)\times10^{-1}\cdot Ma^5\cdot C_{L0}^5, \quad 1.25 < Ma \leqslant 4.0 \\
\\
& 8.7173\times10^{-2} + 3.179\times10^{-3}\cdot\alpha + (-3.307)\times10^{-2}\cdot Ma + (-1.25)\times10^{-4}\cdot Ma\cdot\alpha \\
& +5.036\times10^{-3}\cdot Ma^2 + (-1.1)\times10^{-3}\cdot\alpha^2 + 1.405\times10^{-7}\cdot Ma^2\cdot\alpha^2 \\
& +(-3.658)\times10^{-4}\cdot Ma^3 + 3.175\times10^{-4}\cdot\alpha^3 + 1.274\times10^{-5}\cdot Ma^4 \\
& +(-2.985)\times10^{-5}\cdot\alpha^4 + (-1.705)\times10^{-7}\cdot Ma^5 + 9.766\times10^{-7}\cdot\alpha^5, \quad Ma > 4.0
\end{aligned}
\end{cases}
$$

$$(4)$$

$$
C_{D\delta a} = \begin{cases}
\begin{aligned}
& -3.6923\times10^{-5}\cdot\alpha\cdot\delta_a + 1.3641\times10^{-7}\cdot Ma\cdot\delta_a + 5.1142\times10^{-6}\cdot Ma\cdot\alpha\cdot\delta_a \\
& +1.2125\times10^{-5}\cdot\delta_a^2 + 3.5662\times10^{-9}\cdot Ma^2\cdot\alpha^2\cdot\delta_a^2 + (-1.3848)\times10^{-8}\cdot\alpha^2\cdot\delta_a^2 \\
& -3.3763\times10^{-7}\cdot Ma^2\cdot\delta_a^2 + 3.9119\times10^{-8}\cdot\delta_a^3 - 9.7714\times10^{-13}\cdot Ma^3\cdot\alpha^3\cdot\delta_a^3 \\
& +1.51\times10^{-5}\cdot Ma\cdot\alpha + (-4.7972)\times10^{-7}\cdot Ma^2\cdot\alpha^2 + (-4.6045)\times10^{-8}\cdot\alpha^3 \\
& +9.6475\times10^{-7}\cdot Ma^4 + 1.5015\times10^{-8}\cdot\alpha^4 + (-3.2682)\times10^{-7}\cdot Ma^5 \\
& +(-3.536)\times10^{-10}\cdot\alpha^5 + 4.5137\times10^{-9}\cdot\delta_a^4 + (-6.6207)\times10^{-16}\cdot Ma^4\cdot\alpha^4\cdot\delta_a^4 \\
& +(-1.1538)\times10^{-10}\cdot\delta_a^5 + 4.1917\times10^{-19}\cdot Ma^5\cdot\alpha^5\cdot\delta_a^5, \quad 1.25 < Ma \leqslant 4.0 \\
\\
& 4.5548\times10^{-4} + (-1.1436)\times10^{-4}\cdot Ma + 2.5411\times10^{-5}\cdot\alpha \\
& +(-3.6417)\times10^{-5}\cdot\delta_a + (-5.3015)\times10^{-7}\cdot Ma\cdot\alpha\cdot\delta_a \\
& +3.014\times10^{-6}\cdot Ma^2 + 3.2187\times10^{-6}\cdot\alpha^2 \\
& +6.9629\times10^{-6}\cdot\delta_a^2 + 2.1026\times10^{-12}\cdot Ma^2\cdot\alpha^2\cdot\delta_a^2, \quad Ma > 4.0
\end{aligned}
\end{cases}
$$

$$(5)$$

$$
C_{D\delta e} = C_{D\delta a} \tag{6}
$$

$$C_{D\delta r} = \begin{cases} 2.6425\times10^{-21}\cdot\alpha\cdot\delta_r + 1.8193\times10^{-20}\cdot Ma\cdot\delta_r + 1.0319\times10^{-21}\cdot Ma\cdot\alpha\cdot\delta_r \\ +8.7608\times10^{-6}\cdot\delta_r^2 + (-2.8939)\times10^{-8}\cdot\alpha^2\cdot\delta_r^2 + 5.4045\times10^{-10}\cdot Ma^2\cdot\alpha^2\cdot\delta_r^2 \\ +(-2.9646)\times10^{-7}\cdot Ma^2\cdot\delta_r^2 + (-8.8556)\times10^{-22}\cdot\delta_r^3 + 4.6754\times10^{-10}\cdot\delta_r^4 \\ +(-9.8380)\times10^{-6}\cdot Ma\cdot\alpha + 2.1842\times10^{-7}\cdot Ma^2\cdot\alpha^2 + (-9.0067)\times10^{-7}\cdot\alpha^3 \\ +(-5.2022)\times10^{-27}\cdot Ma^3\cdot\alpha^3\cdot\delta_r^3 + 1.3388\times10^{-6}\cdot Ma^4 + 1.6460\times10^{-7}\cdot\alpha^4 \\ +2.6560\times10^{-16}\cdot Ma^4\cdot\alpha^4\cdot\delta_r^4 + (-2.5185)\times10^{-7}\cdot Ma^5 + (-7.2766)\times10^{-9}\cdot\alpha^5 \\ +5.4442\times10^{-33}\cdot Ma^5\cdot\alpha^5\cdot\delta_r^5 + 1.5611\times10^{-24}\cdot\delta_r^5, \quad 1.25 < Ma \leqslant 4.0 \\[2mm] 7.50\times10^{-4} + (-9.69)\times10^{-5}\cdot Ma + (-2.29)\times10^{-5}\cdot\alpha + 8.76\times10^{-7}\cdot\alpha^2 \\ +(-1.83)\times10^{-6}\cdot\delta_r + 9.13\times10^{-9}\cdot Ma\cdot\alpha\cdot\delta_r + 2.70\times10^{-6}\cdot Ma^2 \\ +1.9701\times10^{-6}\cdot\delta_r^2 + (-1.7702)\times10^{-11}\cdot Ma^2\cdot\alpha^2\cdot\delta_r^2, \quad Ma > 4.0 \end{cases}$$

$$(7)$$

$$C_{N\beta} = \begin{cases} -1.1185\times10^{-2}\cdot\alpha + 3.0432\times10^{-3}\cdot Ma\cdot\alpha + (-3.7586)\times10^{-1}\cdot Ma^2 \\ +3.4004\times10^{-3}\cdot\alpha^2 + (-8.717)\times10^{-5}\cdot Ma^2\cdot\alpha^2 + 3.6104\times10^{-7}\cdot Ma^2\cdot\alpha^4 \\ -2.4047\times10^{-6}\cdot Ma^4\cdot\alpha^2 - 5.3622\times10^{-10}\cdot Ma^4\cdot\alpha^4 - 5.816\times10^{-4}\cdot\alpha^3 \\ +9.4289\times10^{-2}\cdot Ma^4 + 4.4848\times10^{-5}\cdot\alpha^4 + (-1.8384)\times10^{-2}\cdot Ma^5 \\ +(-1.3021)\times10^{-6}\cdot\alpha^5, \quad 1.25 < Ma \leqslant 4.0 \\[2mm] 2.8803\times10^{-3}\cdot\alpha + (-2.8943)\times10^{-4}\cdot Ma\cdot\alpha + 5.4822\times10^{-2}\cdot Ma^2 \\ +7.3535\times10^{-4}\cdot\alpha^2 + 4.6205\times10^{-6}\cdot Ma^2\cdot\alpha^2 + (-2.0675)\times10^{-8}\cdot Ma^2\cdot\alpha^4 \\ +(-4.6490)\times10^{-9}\cdot Ma^4\cdot\alpha^2 + 2.6144\times10^{-11}\cdot Ma^4\cdot\alpha^4 + (-4.3203)\times10^{-3}\cdot Ma^3 \\ +(-3.7405)\times10^{-4}\cdot\alpha^3 + 1.5495\times10^{-4}\cdot Ma^4 + 2.8183\times10^{-5}\cdot\alpha^4 \\ +(-2.0829)\times10^{-6}\cdot Ma^5 + (-5.2083)\times10^{-7}\cdot\alpha^5, \quad Ma > 4.0 \end{cases}$$

$$(8)$$

$$C_{N\delta a} = -1.02\times10^{-6} + 4.48\times10^{-7}\cdot Ma + (-1.12)\times10^{-7}\cdot\alpha + 2.27\times10^{-7}\cdot\delta_a$$
$$+4.11\times10^{-9}\cdot Ma\cdot\alpha\cdot\delta_a + (-2.36)\times10^{-8}\cdot Ma^2 + 2.82\times10^{-9}\cdot\alpha^2 \quad (9)$$
$$+(-5.04)\times10^{-8}\cdot\delta_a^2 + 4.50\times10^{-14}\cdot Ma^2\cdot\alpha^2\cdot\delta_a^2, \quad Ma > 1.25$$

$$C_{N\delta e} = -C_{N\delta a} \quad (10)$$

$$C_{N\delta r} = \begin{cases} \begin{aligned} &2.0067\times10^{-5}\cdot\alpha\cdot\delta_r - 5.7185\times10^{-4}\cdot Ma\cdot\delta_r - 1.5307\times10^{-5}\cdot Ma\cdot\alpha\cdot\delta_r \\ &+1.9243\times10^{-19}\cdot\delta_r^2 - 2.0404\times10^{-21}\cdot\alpha^2\cdot\delta_r^2 + 2.8011\times10^{-22}\cdot Ma^2\cdot\alpha^2\cdot\delta_r^2 \\ &+(-1.2673)\times10^{-20}\cdot Ma^2\cdot\alpha^2 + (-9.9873)\times10^{-19}\cdot\alpha^3 \\ &-1.7950\times10^{-20}\cdot Ma^2\cdot\delta_r^2 + 3.2768\times10^{-5}\cdot\delta_r^3 + 1.2674\times10^{-12}\cdot Ma^3\cdot\alpha^3\cdot\delta_r^3 \\ &+(-3.8438)\times10^{-20}\cdot Ma^4 + 1.9239\times10^{-19}\cdot\alpha^4 - 3.2592\times10^{-29}\cdot Ma^4\cdot\alpha^4\cdot\delta_r^4 \\ &+3.1048\times10^{-20}\cdot Ma^5 + (-9.0794)\times10^{-21}\cdot\alpha^5 + 1.2684\times10^{-17}\cdot Ma^5\cdot\alpha^5\cdot\delta_r^5 \\ &+7.7275\times10^{-23}\cdot\delta_r^4 + (-6.5825)\times10^{-8}\cdot\delta_r^5, \quad 1.25 < Ma \leqslant 4.0 \\ \\ &-1.43\times10^{-18} + 1.86\times10^{-19}\cdot Ma + 4.86\times10^{-20}\cdot\alpha + 3.84\times10^{-4}\cdot\delta_r \\ &-1.07\times10^{-5}\cdot Ma\cdot\delta_r - 1.17\times10^{-5}\cdot\alpha\cdot\delta_r + 2.60\times10^{-7}\cdot Ma\cdot\alpha\cdot\delta_r, \quad Ma > 4.0 \end{aligned} \end{cases}$$

$$(11)$$

$$m_{x\beta} = \begin{cases} \begin{aligned} &-5.9211\times10^{-4}\cdot\alpha + (-3.1579)\times10^{-4}\cdot Ma\cdot\alpha + (-8.7296)\times10^{-2}\cdot Ma^2 \\ &+(-5.7398)\times10^{-5}\cdot\alpha^2 + 2.0549\times10^{-5}\cdot Ma^2\cdot\alpha^2 + (-6.8068)\times10^{-8}\cdot Ma^2\cdot\alpha^4 \\ &+(-1.1037)\times10^{-6}\cdot Ma^4\cdot\alpha^2 + 3.6561\times10^{-9}\cdot Ma^4\cdot\alpha^4 + (-2.8226)\times10^{-16}\cdot\alpha^3 \\ &+2.0334\times10^{-2}\cdot Ma^4 + 1.9013\times10^{-7}\cdot\alpha^4 + (-3.7733)\times10^{-3}\cdot Ma^5 \\ &+(-9.6648)\times10^{-19}\cdot\alpha^5, \quad 1.25 < Ma \leqslant 4.0 \\ \\ &-1.402\times10^{-1} + (-7.590)\times10^{-4}\cdot\alpha + 3.326\times10^{-2}\cdot Ma + 8.596\times10^{-6}\cdot Ma\cdot\alpha \\ &+(-3.794)\times10^{-3}\cdot Ma^2 + 2.354\times10^{-6}\cdot\alpha^2 + (-1.044)\times10^{-8}\cdot Ma^2\cdot\alpha^2 \\ &+2.219\times10^{-4}\cdot Ma^3 + (-8.964)\times10^{-18}\cdot\alpha^3 + (-6.462)\times10^{-6}\cdot Ma^4 \\ &+3.803\times10^{-19}\cdot\alpha^4 + 7.419\times10^{-8}\cdot Ma^5 + (-3.353)\times10^{-21}\cdot\alpha^5, \quad Ma > 4.0 \end{aligned} \end{cases}$$

$$(12)$$

$$\begin{aligned} m_{x\delta a} = {} &3.570\times10^{-4} + (-3.598)\times10^{-5}\cdot Ma + (-9.569)\times10^{-5}\cdot\alpha + 1.170\times10^{-4}\cdot\delta_a \\ &+2.794\times10^{-8}\cdot Ma\cdot\alpha\cdot\delta_a + 1.411\times10^{-6}\cdot Ma^2 + 4.950\times10^{-6}\cdot\alpha^2 \\ &+(-1.160)\times10^{-6}\cdot\delta_a^2 + (-4.641)\times10^{-11}\cdot Ma^2\cdot\alpha^2\cdot\delta_a^2, \quad Ma > 1.25 \end{aligned} \tag{13}$$

$$m_{x\delta e} = -m_{x\delta a} \tag{14}$$

$$\begin{aligned} m_{x\delta r} = {} &-5.0103\times10^{-19} + 2.3418\times10^{-20}\cdot Ma + 6.2723\times10^{-20}\cdot\alpha \\ &+(-3.4201)\times10^{-21}\cdot Ma\cdot\alpha + 1.1441\times10^{-4}\cdot\delta_r + (-2.6824)\times10^{-6}\cdot\alpha\cdot\delta_r \\ &+(-3.5496)\times10^{-6}\cdot Ma\cdot\delta_r + 5.5547\times10^{-8}\cdot Ma\cdot\alpha\cdot\delta_r, \quad Ma > 1.25 \end{aligned} \tag{15}$$

$$m_{xy} = 0.382 - 0.106Ma + 1.94 \times 10^{-3} \cdot \alpha + (-8.15) \times 10^{-5} \cdot Ma \cdot \alpha$$
$$+ 1.45 \times 10^{-2} \cdot Ma^2 + (-9.76) \times 10^{-6} \cdot \alpha^2 + 4.49 \times 10^{-8} \cdot Ma^2 \cdot \alpha^2$$
$$+ (-1.02) \times 10^{-3} \cdot Ma^3 + (-2.70) \times 10^{-7} \cdot \alpha^3 + 3.56 \times 10^{-5} \cdot Ma^4 + 3.19 \times 10^{-8} \cdot \alpha^4$$
$$+ (-4.81) \times 10^{-7} \cdot Ma^5 + (-1.06) \times 10^{-9} \cdot \alpha^5, \quad Ma > 1.25$$

$$(16)$$

$$m_{xx} = \begin{cases} (-1.2668) \times 10^{-5} \cdot \alpha + 1.7282 \times 10^{-5} \cdot Ma \cdot \alpha - 0.10966Ma^2 + 1.0751 \times 10^{-5} \cdot \alpha^2 \\ + 8.6481 \times 10^{-6} \cdot Ma^2 \cdot \alpha^2 + (-1.0989) \times 10^{-6} \cdot Ma^4 \cdot \alpha^2 + 6.1850 \times 10^{-9} \cdot Ma^2 \cdot \alpha^4 \\ + (-4.3707) \times 10^{-10} \cdot Ma^4 \cdot \alpha^4 + (-1.1567) \times 10^{-5} \cdot \alpha^3 + 2.6725 \times 10^{-2} \cdot Ma^4 \\ + 1.5082 \times 10^{-6} \cdot \alpha^4 - 5.08 \times 10^{-3} \cdot Ma^5 - 6.1276 \times 10^{-8} \cdot \alpha^5, 1.25 < Ma \leqslant 4.0 \\ \\ -0.299 + 7.74 \times 10^{-2} \cdot Ma + 1.38 \times 10^{-3} \cdot \alpha + (-8.78) \times 10^{-5} \cdot Ma \cdot \alpha \\ + (-9.13) \times 10^{-3} \cdot Ma^2 + (-2.04) \times 10^{-4} \cdot \alpha^2 + (-1.52) \times 10^{-7} \cdot Ma^2 \cdot \alpha^2 \\ + 5.73 \times 10^{-4} \cdot Ma^3 + (-3.86) \times 10^{-5} \cdot \alpha^3 + (-1.79) \times 10^{-5} \cdot Ma^4 + 4.21 \times 10^{-6} \cdot \alpha^4 \\ + 2.20 \times 10^{-7} \cdot Ma^5 + (-1.15) \times 10^{-7} \cdot \alpha^5, \quad Ma > 4.0 \end{cases}$$

$$(17)$$

$$m_{y\beta} = \begin{cases} -2.3745 \times 10^{-3} \cdot \alpha + 8.5307 \times 10^{-4} \cdot Ma \cdot \alpha + 1.4474 \times 10^{-1} \cdot Ma^2 \\ + 5.3105 \times 10^{-4} \cdot \alpha^2 + (-2.7081) \times 10^{-5} \cdot Ma^2 \cdot \alpha^2 + 1.3335 \times 10^{-7} \cdot Ma^2 \cdot \alpha^4 \\ - 8.3462 \times 10^{-7} \cdot Ma^4 \cdot \alpha^2 - 1.3450 \times 10^{-9} \cdot Ma^4 \cdot \alpha^4 - 4.1046 \times 10^{-5} \cdot \alpha^3 \\ + (-3.9519) \times 10^{-2} \cdot Ma^4 + (-1.5141) \times 10^{-7} \cdot \alpha^4 + 7.7646 \times 10^{-3} \cdot Ma^5 \\ + 1.7278 \times 10^{-7} \cdot \alpha^5, \quad 1.25 < Ma \leqslant 4.0 \\ \\ 6.9980 \times 10^{-4} \cdot \alpha + 5.9115 \times 10^{-2} \cdot Ma + (-7.5250) \times 10^{-5} \cdot Ma \cdot \alpha \\ + (-1.4824) \times 10^{-2} \cdot Ma^2 + 2.5160 \times 10^{-4} \cdot \alpha^2 + (-2.1924) \times 10^{-7} \cdot Ma^2 \cdot \alpha^2 \\ + 1.2692 \times 10^{-3} \cdot Ma^3 + (-1.0777) \times 10^{-4} \cdot \alpha^3 + 1.0707 \times 10^{-8} \cdot Ma^3 \cdot \alpha^3 \\ + (-4.7098) \times 10^{-5} \cdot Ma^4 + 9.4989 \times 10^{-6} \cdot \alpha^4 + (-5.5472) \times 10^{-11} \cdot Ma^4 \cdot \alpha^4 \\ + 6.4284 \times 10^{-7} \cdot Ma^5 - 2.5953 \times 10^{-7} \cdot \alpha^5 + 8.5863 \times 10^{-14} \cdot Ma^5 \cdot \alpha^5, \quad Ma > 4.0 \end{cases}$$

$$(18)$$

$$m_{y\delta a} = 2.10 \times 10^{-4} + (-3.56) \times 10^{-5} \cdot Ma + 1.83 \times 10^{-5} \cdot \alpha + (-1.30) \times 10^{-5} \cdot \delta_a$$
$$+ (-8.93) \times 10^{-8} \cdot Ma \cdot \alpha \cdot \delta_a + 8.16 \times 10^{-7} \cdot Ma^2 + (-6.39) \times 10^{-7} \cdot \alpha^2 \quad (19)$$
$$+ 1.97 \times 10^{-6} \cdot \delta_a^2 + 1.41 \times 10^{-11} \cdot Ma^2 \cdot \alpha^2 \cdot \delta_a^2, \quad Ma > 1.25$$

$$m_{y\delta e} = -m_{y\delta a} \tag{20}$$

$$
\begin{aligned}
m_{y\delta r} = {} & 2.85\times10^{-18} + \left(-1.26\right)\times10^{-19}\cdot Ma + \left(-3.59\right)\times10^{-19}\cdot\alpha \\
& + 1.57\times10^{-20}\cdot Ma\cdot\alpha + \left(-5.28\right)\times10^{-4}\cdot\delta_r + 1.39\times10^{-5}\cdot\alpha\cdot\delta_r \\
& + 1.65\times10^{-5}\cdot Ma\cdot\delta_r + \left(-3.13\right)\times10^{-7}\cdot Ma\cdot\alpha\cdot\delta_r, \quad Ma>1.25
\end{aligned}
\tag{21}
$$

$$
m_{yy} =
\begin{cases}
\begin{aligned}
& -1.3332\times10^{-3}\cdot\alpha + 6.6899\times10^{-4}\cdot Ma\cdot\alpha + \left(-1.0842\right)\cdot Ma^2 \\
& + 1.6434\times10^{-3}\cdot\alpha^2 + 1.0819\times10^{-5}\cdot Ma^2\cdot\alpha^2 + \left(-4.4258\right)\times10^{-6}\cdot Ma^4\cdot\alpha^2 \\
& + 1.2017\times10^{-7}\cdot Ma^2\cdot\alpha^4 + \left(-5.8118\right)\times10^{-4}\cdot\alpha^3 + 2.7379\times10^{-1}\cdot Ma^4 \\
& + \left(-2.8899\right)\times10^{-9}\cdot Ma^4\cdot\alpha^4 + 6.7994\times10^{-5}\cdot\alpha^4 + \left(-5.2435\right)\times10^{-2}\cdot Ma^5 \\
& + \left(-2.5848\right)\times10^{-6}\cdot\alpha^5, \quad 1.25 < Ma \leqslant 4.0 \\[2mm]
& -2.41 + 0.596\cdot Ma + \left(-2.74\right)\times10^{-3}\cdot\alpha + 2.09\times10^{-4}\cdot Ma\cdot\alpha \\
& + \left(-7.57\right)\times10^{-2}\cdot Ma^2 + 1.15\times10^{-3}\cdot\alpha^2 + \left(-6.53\right)\times10^{-8}\cdot Ma^2\cdot\alpha^2 \\
& + 4.90\times10^{-3}\cdot Ma^3 + \left(-3.87\right)\times10^{-4}\cdot\alpha^3 + \left(-1.57\right)\times10^{-4}\cdot Ma^4 \\
& + 3.60\times10^{-5}\cdot\alpha^4 + 1.96\times10^{-6}\cdot Ma^5 + \left(-1.18\right)\times10^{-6}\cdot\alpha^5, \quad Ma>4.0
\end{aligned}
\end{cases}
\tag{22}
$$

$$
m_{yx} =
\begin{cases}
\begin{aligned}
& 0.17 + \left(-6.4056\right)\times10^{-18}\cdot\alpha + 1.1333\times10^{-2}\cdot Ma + 2.3467\times10^{-18}\cdot Ma\cdot\alpha \\
& + \left(-5.3333\right)\times10^{-3}\cdot Ma^2 + 2.0917\times10^{-19}\cdot\alpha^2 \\
& + \left(-5.0665\right)\times10^{-20}\cdot Ma^2\cdot\alpha^2, \quad 1.25 < Ma \leqslant 4.0 \\[2mm]
& 0.368 + \left(-9.79\right)\times10^{-2}\cdot Ma + 7.61\times10^{-16}\cdot\alpha + 1.24\times10^{-2}\cdot Ma^2 \\
& - 4.64\times10^{-16}\cdot\alpha^2 - 8.05\times10^{-4}\cdot Ma^3 + 1.01\times10^{-16}\cdot\alpha^3 + 2.57\times10^{-5}\cdot Ma^4 \\
& + \left(-9.18\right)\times10^{-18}\cdot\alpha^4 + \left(-3.20\right)\times10^{-7}\cdot Ma^5 + 2.96\times10^{-19}\cdot\alpha^5, \quad Ma>4.0
\end{aligned}
\end{cases}
\tag{23}
$$

$$
m_{z0} = \begin{cases}
-5.7643 \times 10^{-1} + (-3.7951) \times 10^{-1} \cdot C_{L0} + 1.0553 Ma + 1.0483 \times 10^{-1} \cdot Ma \cdot C_{L0} \\
+ (-7.4344) \times 10^{-1} \cdot Ma^2 + (-1.5412) \times 10^{-1} \cdot C_{L0}^2 + 5.7805 \times 10^{-2} \cdot Ma^2 \cdot C_{L0}^2 \\
+ (-2.1133) \times 10^{-3} \cdot Ma^4 \cdot C_{L0}^2 + (-1.7858) \times 10^{-1} \cdot Ma^2 \cdot C_{L0}^4 - 10.331 \cdot C_{L0}^5 \\
+ (-3.8875) \times 10^{-3} \cdot Ma^4 \cdot C_{L0}^4 + 2.5341 \times 10^{-1} \cdot Ma^3 + (-4.9731) \times 10^{-1} \cdot C_{L0}^3 \\
+ (-4.1938) \times 10^{-2} \cdot Ma^4 + 7.1784 \cdot C_{L0}^4 + 2.7017 \times 10^{-3} \cdot Ma^5, \quad 1.25 < Ma \leqslant 4.0 \\
\\
-2.192 \times 10^{-2} + 7.739 \times 10^{-3} \cdot Ma + (-2.260) \times 10^{-3} \cdot \alpha + 1.808 \times 10^{-4} \cdot Ma \cdot \alpha \\
+ 8.849 \times 10^{-4} \cdot Ma^2 + 2.616 \times 10^{-4} \cdot \alpha^2 + (-2.880) \times 10^{-7} \cdot Ma^2 \cdot \alpha^2 \\
+ 4.617 \times 10^{-5} \cdot Ma^3 + (-7.887) \times 10^{-5} \cdot \alpha^3 + (-1.143) \times 10^{-6} \cdot Ma^4 \\
+ 8.288 \times 10^{-6} \cdot \alpha^4 + 1.082 \times 10^{-8} \cdot Ma^5 + (-2.789) \times 10^{-7} \cdot \alpha^5, \quad Ma > 4.0
\end{cases}
$$

$$(24)$$

$$
\begin{aligned}
m_{z\delta a} = & -5.67 \times 10^{-5} + (-1.51) \times 10^{-6} \cdot Ma + (-6.59) \times 10^{-5} \cdot \alpha + 2.89 \times 10^{-4} \cdot \delta_a \\
& + 4.48 \times 10^{-6} \cdot \alpha \cdot \delta_a + (-4.46) \times 10^{-6} \cdot Ma \cdot \alpha + (-5.87) \times 10^{-6} \cdot Ma \cdot \delta_a \\
& + 9.72 \times 10^{-8} \cdot Ma \cdot \alpha \cdot \delta_a, \quad Ma > 1.25
\end{aligned}
$$

$$(25)$$

$$m_{z\delta e} = m_{z\delta a} \tag{26}$$

$$
\begin{aligned}
m_{z\delta r} = & (-2.79) \times 10^{-5} \cdot \alpha + (-5.89) \times 10^{-8} \cdot \alpha^2 + 1.58 \times 10^{-3} \cdot Ma^2 + 6.42 \times 10^{-8} \cdot \alpha^3 \\
& + (-6.69) \times 10^{-4} \cdot Ma^3 + (-2.10) \times 10^{-8} \cdot \alpha^4 + 1.05 \times 10^{-4} \cdot Ma^4 + 1.43 \times 10^{-7} \cdot \delta_r^4 \\
& + 3.14 \times 10^{-9} \cdot \alpha^5 + (-7.74) \times 10^{-6} \cdot Ma^5 + (-4.77) \times 10^{-22} \cdot \delta_r^5 \\
& + (-2.18) \times 10^{-10} \cdot \alpha^6 + 2.70 \times 10^{-7} \cdot Ma^6 + (-3.38) \times 10^{-10} \cdot \delta_r^6 \\
& + 5.74 \times 10^{-12} \cdot \alpha^7 + (-3.58) \times 10^{-9} \cdot Ma^7 + 2.63 \times 10^{-24} \cdot \delta_r^7, \quad Ma > 1.25
\end{aligned}
$$

$$(27)$$

$$m_{zz} = \begin{cases} \begin{aligned} &-1.0828\times10^{-2}\cdot\alpha+4.2311\times10^{-3}\cdot Ma\cdot\alpha+\left(-6.1171\right)\times10^{-1}\cdot Ma^2 \\ &+4.6974\times10^{-3}\cdot\alpha^2+\left(-7.0964\right)\times10^{-5}\cdot Ma^2\cdot\alpha^2+\left(-1.1593\right)\times10^{-5}\cdot Ma^4\cdot\alpha^2 \\ &+2.5378\times10^{-7}\cdot Ma^2\cdot\alpha^4+4.1284\times10^{-8}\cdot Ma^4\cdot\alpha^4 \\ &+\left(-1.1414\right)\times10^{-3}\cdot\alpha^3+1.5903\times10^{-1}\cdot Ma^4+1.1176\times10^{-4}\cdot\alpha^4 \\ &+\left(-3.0665\right)\times10^{-2}\cdot Ma^5+\left(-3.8123\right)\times10^{-6}\cdot\alpha^5, \quad 1.25 < Ma \leqslant 4.0 \\ \\ &-1.36+0.386Ma+7.85\times10^{-4}\cdot\alpha+1.40\times10^{-4}\cdot Ma\cdot\alpha \\ &+\left(-5.42\right)\times10^{-2}\cdot Ma^2+2.36\times10^{-3}\cdot\alpha^2+\left(-1.95\right)\times10^{-6}\cdot Ma^2\cdot\alpha^2 \\ &+3.80\times10^{-3}\cdot Ma^3+\left(-1.48\right)\times10^{-3}\cdot\alpha^3+\left(-1.30\right)\times10^{-4}\cdot Ma^4+1.69\times10^{-4}\cdot\alpha^4 \\ &+1.71\times10^{-6}\cdot Ma^5+\left(-5.93\right)\times10^{-6}\cdot\alpha^5, \quad Ma > 4.0 \end{aligned} \end{cases}$$

$$(28)$$

致　　谢

在本书成稿之际，谨向多年来给予我们关心、指导和帮助的各级机关、各位领导、专家、学者、同仁、同事、朋友们表示最衷心的感谢。

感谢中国航天科工集团第三研究院，特别是三院三部和科技工程中心的各位领导和专家的指导。

感谢哈尔滨工业大学控制理论与制导技术研究中心的长江学者段广仁老师，哈尔滨工业大学谭峰、侯明哲、姜苍华、刘明岩老师，西北工业大学郭建国老师，西安交通大学蔡远利老师，天津大学宗群和田柏苓老师，中国科学院自动化研究所易建强和蒲志强老师，北京理工大学刘向东和盛永智老师，南开大学孙明玮老师等。

在工作、学习和生活中，许多高校和科研院所的领导和专家都给过我们很多关心和帮助，在此表示衷心感谢！